山东省
古果树名木

陶吉寒　尹燕雷◎主编

中国农业出版社
北　京

主　　编：陶吉寒　尹燕雷

副 主 编：唐海霞　冯立娟

编写人员（以姓氏拼音为序）：

陈　新　董肖昌　冯立娟　韩　真　李　华

李务渠　孙晓莉　孙　鹏　唐常鑫　唐海霞

陶吉寒　王　菲　王贵芳　王增辉　王中堂

武　冲　杨雪梅　尹燕雷　张朝阳　张美勇

张延成

序

　　山东省位于中国东部沿海、黄河下游，境内地貌复杂，东部为半岛、丘陵地带，鲁西北地区和鲁西南为黄河平原，鲁中南为低山、丘陵，鲁北为黄河三角洲、冲积平原。山东地处北温带，属于温带季风气候，冬季寒冷，夏季炎热，雨热同期。山东水系比较发达，自然河流的平均密度在每平方公里0.7km以上。湖泊集中分布在鲁中南山丘区与鲁西南平原之间的鲁西湖带。自然条件决定了山东是非常适合大多数北方落叶果树生长发育及经济栽培的地区之一。

　　山东是我国的主要果树产区之一，果树栽培历史悠久，种质资源丰富。各种果树90种，分属16科34属，山东因此被称为"北方落叶果树的王国"。在长期的栽培发展中，山东逐步形成了八大果树区域，并且各有其主打的果树品种：①胶东丘陵凉润果树区，盛产苹果、梨、甜樱桃、葡萄、草莓等；②胶潍平原半凉润果树区，盛产桃、李、杏、葡萄、苹果、梨、甜樱桃、草莓、无花果、柿、板栗；③鲁中山地半暖湿果树区，是干果和核果类果树的主产区，主产板栗、核桃、桃、杏、甜樱桃、早熟苹果等；④鲁南山丘暖湿果树区，是山东省重要果树产区之一，主产梨、山楂、长红枣、石榴、板栗、甜樱桃、柿、核桃、桃、杏等；⑤鲁西南平原温暖半湿果树区，主产柿、桃、杏、枣、梨、葡萄、苹果等；⑥鲁西北平原干冷果树区，是山东省重要的枣产区，主产枣、梨、桑葚等；⑦鲁北滨海盐碱果树区，是山东省果树新区，主产枣、梨等。

　　山东古树名木资源丰富，16个地市均有古树群的存在，其中枣、板栗、桑、柿、杏、梨等果树古树群占总古树群的66.7%。古树饱经风霜，历经沧桑，以其特有的风姿展现了中华民族悠久的历史，以其丰厚的内涵展示了我国灿烂的文化。古树既是研究自然史的活化石，也是历史文化的见证。近年来，尽管各地市林业部门对古树名木进行建档、挂牌，对部分古树进行复壮，但仍有些古树因树龄较大、过度保护、人为破坏等因素而濒临死亡。果树一般生长周期短，生长受栽培环境影响更大，因此，古果树的存在更加珍贵，古果树名木的保护及保存也迫在眉睫。

　　《山东省古果树名木》一书作者通过文献查找、调查走访等方式对山东省落叶果树古树资源进行调查统计，从地理分布、植物学特性、保存现状、文化价值4个方面对典型的古果树资源进行描述。该书是山东省第一部关于古果树资源调查的图书，文字内容丰富，图文并茂，为研究山东古果树名木的保护、保存体系的构建奠定重要的基础。

　　当今，山东果树产业蓬勃发展，果树资源及古果树的保护、保存体系的构建需要科研工作者进一步去研究。该书是山东省果树研究所陶吉寒研究员及团队心血的结晶，是对山东古果树资源调查的阶段性总结，该书的出版将为广大果树资源从业者提供了丰富的信息资料，是山东果树资源的保存和开发利用的重要基础。

2020 年 5 月 20 日

前 言

山东省地理位置

山东省（34°22.9′~38°24.01′N，114°47.5′~122°42.3′E）位于中国东部沿海、秦岭—淮河以北、黄河下游。境内地貌复杂，东部为半岛、丘陵地带，突出于渤海、黄海之中。鲁西北和鲁西南地区为黄河平原，约占全省面积的65.56%。鲁中南为低山、丘陵，最高山峰为泰山。鲁北为黄河三角洲、冲积平原。山东地处北温带，属于温带季风气候，冬季寒冷，夏季炎热，雨热同期。年平均气温11.2~14℃，无霜期180~220d，大于10℃的积温一般在3 600~4 600℃。全省日照时数年均2 335~2 678h。年平均降水量一般在500~900mm，其中鲁西北和黄河三角洲在600mm以下，而鲁南、鲁东，一般在800~900mm。自然条件决定了山东省是适合大多数北方落叶果树生长发育及经济栽培的地区之一。

夏津古桑

山东省果树栽培发展史

中国果树栽培历史悠久，《诗经·豳风》中就有"八月剥枣，十月获稻""蚕月条桑，取彼斧斨，以伐远扬，猗彼女桑"的记载。豳是周王朝开国的地方，今陕西省彬县。但近代有学者认为豳风实为鲁风，《豳风》所记述的是当时鲁地的史实。《诗·鄘风·定之方中》提到了"树之榛栗"，这是目前已知的有关板栗记载的最早的文献资料。先秦《晨风》中有"山有苞棣，隰有树檖"，其意即在山坡上栽植栎树，在低洼处栽植梨树。汉代（前206—220）以后，我国果树的规模和地域继续扩大，栽培方式

诸城刘墉板栗园古树

也由园圃扩大至田野，成为专业性生产，如《史记·货殖列传》记载："安邑千树枣，燕秦千树栗，蜀汉江陵千树桔，淮北常山以南，河津之间千树梨，……其人与千户侯等"。《汉书·地理志》载有："上谷至辽东，地广民稀，俗与赵代相类，有鱼盐枣栗之饶"。这些古籍记载说明当时果树已在陕西、河北、山西、山东、河南等地广泛栽培，成为我国北方的大宗产业，栽培地域已从黄河中下游扩大到辽东和长江流域。北魏时期（4～6世纪），果树的栽培技术有很大进步，如《齐民要术》中详细记述了枣的选种、繁殖、栽种、管理、防虫、采收、加工方法。《齐民要术·种栗》载有："栗初熟出壳，即于屋里埋著湿土中。埋必须深，勿令冻彻。若路远者，以韦囊盛之。停二日以上，及见风日者，则不复生矣。至春二月，悉芽生，出而种之。"可以清楚地了解板栗的种植技术。除了枣、栗等种植技术外，《齐民要术》中还有桃、李、杏、石榴、番木瓜、柿子等的记载。

沾化冬枣嫡祖树

唐代以后，枣、梨等果树得到继续发展，并形成一些著名产区，货销各地。《唐书·渤海传》中有"果有九郡之李，乐游之梨""狼藉梨花满城月，当时长醉信陵门""已种千竿竹，又栽千树梨"的记载。宋代苏颂在《图经本草》记载了北方11个梨树品种，其中有："出近京州郡及北都的鹅梨，皮薄而浆多，味差短于乳梨，唯香则过之"；产于宣城的乳梨"皮厚而肉实，其味极长"。宋代的《本草衍义》（1116）记载，枣"南北皆有之，然南枣坚燥，不如北枣肥美，生于青、晋、绛者，尤佳"。此处的"青"，即山东省北部德州、齐河以东的地区，包括现在的乐陵、庆云、无棣等金丝小枣著名产区。唐宋时期，海棠的栽植已达鼎盛时期，被视为"花之最尊"，并广为文人墨客题咏。唐代宰相贾耽（730—805）著有《百花谱》，以海棠为神仙。《菏泽县志》记载中已有唐代人民用柿饼代粮。明《农政全书》中载有："今三晋泽沁之间多柿，细民乾之，以当粮也，中州齐鲁亦然"，说明在明代山西、河南、山东以柿饼代粮已很普遍。

果树种植在明清时期也有很大发展。山东果树种植以枣、梨为最，《农桑辑要》和《王祯农书》把梨列为首位，枣列第二，核桃、柿子等次之。嘉靖《山东通志》称，"梨，六府皆有之。其种曰红消、曰秋白、曰香水、曰鹅梨、曰瓶梨，出东昌、临清、武城者为佳"；"枣，六府皆有之，东昌（今聊城）属县独多，种类不一，土

古梨树

人制之，俗名曰胶枣，曰牙枣。商人先岁冬计其木，夏相其实而值之，货于四方。"平原、恩县（西恩城）两县接壤的马颊河西岸临河一带，北自梅家口、董家口，南至津期店，"凡五六十里"多种植果树，"枣梨桃李之属获利颇多"，甚至有专以果树种植为业者，"每岁以梨枣附客江南"，以出售果品的收入开支全家衣食日用所需和交纳赋税。运河沿岸的临清、聊城、张秋（今阳谷境内）、济宁、峄县等都有果品集散市场。据不完全统计，乾隆年间山东经运河输往江南的枣、梨等干鲜果品每年即有二三十万t之多。青州府益都、临朐等县所产果品以核桃、栗子、柿饼为多，柿树"盈亩连陌"，其果实加工为柿饼，与核桃、板栗等一起"贩之胶州、即墨，海估载之以南"，远销江淮闽粤，颇为民利。菏泽至今尚有明代的柿树，曹州"镜面柿"是山东菏泽的特产品种。用"镜面柿"加工制作曹州耿饼素以质细、味甜、多霜而驰名中外。曹州耿饼在明代就闻名于世，并被列为进献朝廷的贡品。

20世纪30～40年代，山东的果树生产遭到极大破坏。30年代初，桃、梨、苹果、花红（沙果）、柿、葡萄、枣、杏、山楂、板栗、樱桃、石榴、核桃13种果树的年产量为88.1万t，1949年，苹果、梨、桃、葡萄、枣、柿、山楂、杏8种果树的年产量降至25.0万t，到70年代初才恢复到98万t。

20世纪50年代至60年代初，山东经历了两个果树生产发展的高峰期。自80年代初开始，虽然受市场影响，山楂、苹果等树种因供过于求栽培面积缩减，但总体来看经过果树产业内部结构的不断调整，已进入稳定发展时期。至2019年，山东省果树栽培面积达122.17

古柿树

万hm²，年产量1 739.71万t，其中，苹果园37.07万hm²，产量950.23万t；桃园20.6万hm²，产量364.57万t；核桃园14.87万hm²，产量17万t。

山东省古果树名木情况

据山东省古树群资源现状可知：山东省古树群在16市均有分布，全省共有695处古树群，总计228 411株。总体来看，内陆地区古树群多于沿海地区，主要源于历史上沿海地区土壤偏碱性，较不适宜树木生长。山东省共有经济树种古树群214处，共计152 346株，占古树群古树总株数的66.7%，主要树种包括枣、桑、板栗等，其中分布数量最多的是枣古树群，共计61 489株。德州市由于历史上有种植枣、桑的传统，分布有多个枣、桑等大规模经济树种古树群，其古树数量最多，有71 641株。全省非经济树种古树群有481处，共计76 065株，占总株数的33.30%，主要树种包括侧柏、皂荚、银杏等，其中银杏古树群4 882株，分布于临沂郯城县。经济树种古树群主要分布于鲁西和鲁北平原区，非经济树种古树群主要分布在鲁中和鲁南山地丘陵区。

古树群生长地点分布情况普查的结果显示，分布于乡村的古树群古树有151 987株，占总株数的66.54%，明显多于城区的76 424株。临沂市郯城县郊区有一处占地66.67hm²的板栗古树群，包含古树近19 000株，占临沂市古树群古树总株数的72.50%。山东省古果树群主要是：①枣：61 489株，分布于德州、滨州、聊城；②桑：26 576株，分布于德州、聊城、滨州；③板栗：30 000余株，分布于临沂、日照、泰安等地；④柿：20 000余株，分布于滨州、德州、潍坊等地；⑤杏：10 000余株，分布于聊城市；⑥梨：10 000余株，分布于德州、滨州、聊城等地；⑦银杏：5 000余株，分布于临沂地区；⑧山楂：10 000余株，分布于临沂地区；⑨石榴：5 000余株，分布于枣庄市；⑩木瓜：500余株，分布于菏泽市。除成群的古果树之外，在庭院、寺庙、景区也有大量的古果树零散存在，如"莒南银杏王""西海岸宋家庄酸枣树"等。

古树资源保护的意义

古树既是研究古气象、古水文、古植被和古地理的活资料，又是历史演变和文明变迁的见证者。由于很多古树与历史事件、名人轶事、神话传说相联系，已形成古树文化，是宝贵的旅游资源。因此，古树名木的保护，对我国生物资源和历史文化遗产具有双重的保护意义。

（一）是历史的见证

山东是孔孟文化的发祥地，是文化大省，古树名木作为山东文化的一部分，娓娓诉说着历史的变迁。位于莒县浮来山定林寺院内有定植于南北朝时期的3 300余年的

"天下第一银杏树"，是世界上最古老的银杏树，已被列入"世界之最"和《世界吉尼斯大全》，也有"七搂八拃一媳妇粗"的趣闻。即墨市移风店镇张家村村西的"挂甲枣"，据说唐太宗李世民东征途经此地，遇雨盔甲尽湿，雨过天晴，即将盔甲脱下，挂在该树上晾晒，故此树得名"唐太宗挂甲树"。沂蒙山区板栗古树是抗日战争时期抗战军民支

莒南天下第一银杏树

援前线战士的"救命粮"，如今"板栗救八路"的故事一直在沂蒙山区传颂着，它如实地记录了那段军民鱼水情深的刻骨铭心的历史。

（二）具有重要的观赏价值

古树名木苍劲古雅，姿态奇特，具有极大的观赏价值。一棵古树就能成为一道靓丽的风景。像德州夏津颐寿园"双龙古桑树"，神奇地呈现出"双龙争雄"的架势。这两棵树为"腾龙树和卧龙树"，树龄在 1 500 年左右，两树一腾一卧、一静一动，漆黑的树干支撑着厚厚的一层一层的枝叶连成的洞天，即使被雷击成两半，生命力依然非常顽强，风霜吹不倒，烈日晒不枯，新枝绽放嫩芽，茁壮成长。诸城刘墉板栗园"福、禄、寿、喜"板栗树、泰山灵岩寺"千年银杏树"、无棣县信阳"唐枣"等，观赏价值都非常高，它们把山东装点得更加美丽多娇，让无数中外游客流连忘返。

（三）具有重要文化价值

"每一棵古树都是一个活的古董"。它是一个事件的证明，具有特殊纪念意义。有些地区还流传着关于古树名木的美丽传说，像泗水安山寺内两株唐代所植银杏树，高20m，相距10m，根深叶茂，树冠如盖，其中一株为雄树，它的年代比寺庙还要久远，据传为"万世师表"的孔子亲手栽种，已有 2 500 余年的历史，雌株600 余年。"一雄一雌"银杏树被称为夫妻银杏树，还有美丽的传说。据传，玉皇大帝驾前有一对执扇的金童玉女，他们心心相印，因羡慕人间夫妻恩爱的生活，私自下凡，定居在山清水秀的安山脚下，化作雌雄银杏树，朝夕相伴，不离不弃。

（四）对气象研究、现代城市树种规划具有重要意义

古树是一部珍贵的自然史书，粗壮的枝干饱含着几百年甚至上千年的气象资料，

唐枣

它复杂的年轮宽度、年轮密度、年轮数能反映出历史的气候变化情况，国内外很多专家对此都有过深入的研究，古树的存在为研究远古气象的变化情况提供了可靠的科学依据。根据树木的生长势及对气候的适应性状况，能够确定当地最佳规划树种，古树的存在对于城市园林绿化树种的选择和各树种抵御病虫害的研究有重要作用。

本书调查内容及方法介绍

山东是水果大省，果树种类繁多，栽培历史悠久，资源丰富，但是随着时间推移、品种的更替及人为因素的影响，栽培历史较早、树龄较大的果树资源正在逐步消失，尤其是战乱年代，许多珍贵的资源已经消失殆尽。古树一般指树龄百年以上的树木，果树生长周期短，生长受栽培环境影响大，因此，古果树的存在更加珍贵，古果树名木的保护及保存也迫在眉睫。本研究通过文献查找、调查走访等方式对山东省落叶古果树资源进行调查统计，为研究山东果树的起源、演化、分类及资源的开发利用提供相关的资料，为果树名木的保护、保存体系的构建奠定重要的基础。本研究的内容重点是调查古果树资源的地理分布、植物学特性、保存现状、文化价值等4个方面。

本书按照果树的园艺学分类，根据果实构造分类对仁果类（梨、海棠、山楂、木瓜）、核果类（杏、樱桃）、浆果类（桑、石榴）、坚果类（核桃、板栗、银杏）、柿枣类（枣、柿）古果树进行GPS精准定位，地理数据、生境信息、植物学信息、保存现状、文化价值等方面进行调查分析。调查地点涵盖山东省16个地市的94份（群）古树种质，拍摄照片1 000余份。其中梨（13份）、桑树（3份）、海棠（3份）、石榴（5份）、银杏（14份）、枣（11份）、板栗（11份）、樱桃（5份）、杏（4份）、木瓜（3份）、核桃（4份）、山楂（8份）、柿子（10份）。

本书分为总论和各论两部分，总论包含果树的分类及标准、果树资源的保存与评价、山东省果树发展及资源的概况；各论是对不同树种的典型古树资源进行地理定位、植物学信息及文化价值等相关描述。本书通过文献查找及实地考察方式对古树信息进行整理，参考大量文献资料，引用大量文化传说。受自身水平和工作范畴的限制，疏漏之处在所难免，恳请读者谅解和指正。

编　者
2020年6月

目　录

序
前言

总论

各论

总论

第一节　果树的分类及标准

果树分类是根据不同目的、方法，识别和区分果树种（品种）的泛称。果树的分类方法有很多标准，如按植物学分类，可分为蔷薇科、桑科、无患子科、鼠李科等。果树的园艺学分类又根据不同的果树形态、果实构造、适应性等形成不同的分类标准，如按叶的生长期划分，可分为落叶果树和常绿果树两类；按生长习性划分，可分为乔木果树、灌木果树、藤本果树、多年生草本果树等；按果树植物适宜的栽培气候条件划分，可分为热带果树、亚热带果树、温带果树等。除此之外，还可根据果实形态结构和特征，结合生长习性的果树栽培学分类（落叶果树），可分为核果类果树、仁果类果树、浆果类果树、坚果类果树和柿枣类果树。

一、植物学分类

植物分类学是将果树植物按自然分类系统进行的分类，是果树分类的主要依据，对于野生果树的开发利用和栽培果树的品种改良都有很大帮助。据俞德浚统计，1979年中国共有果树为59科、158属、670余种，其中尤以蔷薇科、芸香科、葡萄科、鼠李科、无患子科、桑科等种类较多，经济价值也最高。以属而论，柑橘属、李属、苹果属、梨属、树莓属、葡萄属、山竹子属、猕猴桃属等都是果树种类较多的属。

果树从门的阶层分为裸子植物果树和被子植物果树。裸子植物中最主要的是银杏科、紫杉科和松科。被子植物又分单子叶植物，如凤梨科、芭蕉科、棕榈科；双子叶植物，如蔷薇科、芸香科等。北方大部分落叶果树是双子叶植物。山东主要果树按植物学分类如下：

蔷薇科：苹果、梨、李、桃、杏、山楂、樱桃、草莓、木瓜、海棠等；

葡萄科：葡萄；

桑科：无花果、果桑；

胡桃科：核桃、美国山核桃、野核桃等；

鼠李科：枣、酸枣；

石榴果

山楂花

壳斗科：板栗；

猕猴桃科：猕猴桃；

柿科：柿、君迁子；

千屈菜科：石榴；

银杏科：银杏。

二、园艺学分类

作为栽培作物，果树除了按植物系统进行分类外，还有其他分类方法，也就是园艺学上使用的人为分类。这些分类往往不像植物系统分类那样严谨，却各有其栽培方面的应用价值。

（一）按植株形态特征分类

乔木果树：有明显的主干，树体高大。如苹果、梨、李、柿、枣、桃等。

灌木果树：树冠低矮，无明显主干，从地面分枝呈丛生状。如无花果、树莓等。

藤本果树：茎细长，蔓生不能直立，需依靠支持物生长。如葡萄、猕猴桃等。

草本果树：具有草质茎，多年生。如草莓等。

（二）按叶的生长期分类

主要是根据冬季果树是否落叶进行分类，分为常绿果树和落叶果树。常绿果树主要表现叶片终年常绿，春季新叶长出后老叶脱落，无明显的休眠期，主要是芒果、菠萝、榴莲、椰子等热带亚热带果树。北方果树基本为落叶果树，冬季叶片全部脱落，第二年春季萌发新叶，有明显的休眠期和生长期。主要种类有苹果、梨、桃、李、柿、枣、核桃、葡萄、石榴、无花果、山楂、桑、杏、板栗、樱桃等。

樱桃古树群

（三）按果树的果实构造分类

仁果类：混合芽，子房下位花；果实为假果，由花托、萼筒肥大发育而成；果实内有多数种子，成为"仁果"。主要种类有苹果、海棠、梨、山楂、木瓜等。

3

核果类：果实为真果，果实由子房发育而成，有明显的内、外、中三层果皮；中果皮为食用部分，内果皮木质化，成为坚硬的核。主要种类有桃、李、杏、樱桃。

坚果类：果实或种子的外皮具有坚硬的外壳，食用部分为种子的子叶或胚乳。主要种类有榛子、核桃、银杏、桃、板栗。

浆果类：果树除外面几层外，肉汁化且充满浆汁成为可食用的部分。如葡萄、猕猴桃、草莓、树莓、石榴、番木瓜。

柿枣类：这类果树包括柿、君迁子（黑枣）、枣和酸枣等。山东有大面积的栽植。

柑果类：果实为柑果，由子房发育而成，外果皮革质化，富含油胞，中果皮疏松呈海绵状，内果皮含有多浆的汁胞为食用部分。主要为柑橘类果树，山东地区没有栽培，主要在热带亚热带地区生长。

荔枝类：外果皮革质化，食用部分为假种皮。主要种类为龙眼、荔枝等。山东没有该类果树栽植。

聚复果类：果实皆是由一个花序发育而成的聚复果。适宜热带地区生长。如菠萝、菠萝蜜等。

（四）按生态适应性分类

寒带果树：只在高寒地区生长的果树。如醋栗、山葡萄等。

温带果树：多为落叶果树，适宜在温带栽植，休眠期需要一定的温度。如苹果、梨、桃、杏等。山东果树多数为温带水果。温带果树多数也可以在亚热带地区栽植，如桃、枣等，现在亚热带地区已有较大栽培规模。

枣庄万福园石榴树

　　亚热带果树：耐0℃左右低温，冬季需要短时间的冷凉气候（10℃），既有常绿果树，也有落叶果树。主要种类有柑橘、荔枝、阳桃、扁桃、石榴、无花果、猕猴桃等。

　　热带果树：适宜在热带栽培的常绿果树，较耐高温、高湿，常具有老茎生花的特点。如香蕉、菠萝、槟榔、芒果等。

第二节　山东省果树发展及资源概况

一、山东省果树分布

（一）胶东丘陵凉润果树区

　　该区包括威海、烟台、青岛三市全部和日照的五莲、潍坊的诸城东南部山区。该区三面环海，属于湿润、半湿润的温凉气候季风区。是山东省最重要的水果产区，占全省总产的43%左右。该区盛产苹果、梨、甜樱桃、葡萄、草莓、无花果、柿、板栗、核桃、桃、李、杏等。

（二）胶潍平原半凉润果树区

　　该区包括潍坊的大部分。该区河流较多，以平原为主，属于季风区大陆性气候，特点是冬季较早、春季气温变化大。该区主产桃、李、杏、葡萄、苹果、梨、甜樱桃、草莓、无花果、柿、板栗、核桃、枣等。

（三）鲁中山地半暖湿果树区

菏泽木瓜古树

　　该区包括济南、淄博两市的胶济线以南全部、泰安（除东平）、莱芜全部，潍坊的临朐和诸城部分。该区为山东典型的山区，属于暖温带季风区大陆性气候，特点是春早多旱、温差大。是山东省种质资源中心之一，干果和核果类果树的主产区。该区主产板栗、核桃、桃、杏、甜樱桃、枣、早熟苹果等。

（四）鲁南山丘暖湿果树区

　　该区包括临沂、枣庄两市全部，济宁的曲阜、泗水、邹城。该区地形、气候较复杂，属于暖温带季风区大陆性气候，特点是春季早、温差大。适合多种果树生长，是山东省重要果树产区之一。该区主产梨、山楂、长红枣、石榴、板栗、甜樱桃、柿、核桃、桃、杏等。

（五）鲁西南平原温暖半湿果树区

该区包括菏泽全部，济宁市津浦路以西，泰安的东平。该区为黄河冲积平原，土壤为潮土，轻盐碱。属于半湿大陆性气候，特点是春季早、干热风多。适合多种果树生长，是山东省重要果树产区之一。该区主产柿、桃、杏、枣、梨、葡萄、苹果等。

梨花

（六）鲁西北平原干冷果树区

该区包括黄河、小清河以北的聊城、德州全部，滨州大部，济南和淄博部分。该区为黄河古道冲积平原，土壤为潮土、盐碱化。属于暖温带季风大陆性气候。是山东省重要的枣产区。该区主产枣、梨、葡萄、桃、杏等。

（七）鲁北滨海盐碱果树区

该区包括黄河入海口南北两侧，东营全部，滨州、潍坊部分地区。该区为黄河古道冲积平原，土壤为盐渍土。属于半干燥大陆性气候。是山东省果树新区。该区主产枣、梨等。

二、山东省果树发展现状

从山东省16个地市中果品的产量和产区分布看，烟台市的果品产量最大，其次为临沂市，这两个市的果品产量分别占全省果品总产量的27.94%和12.95%，其余14个地市依次为潍坊市8.59%、滨州市6.21%、青岛市6.15%、威海市5.18%、淄博市4.92%、菏泽市4.83%、德州市4.61%、泰安市4.49%、济南市4.34%、聊城市3.71%、济宁市1.99%、日照市1.73%、枣庄市1.69%和东营市0.69%。

山东省的果树产业经过结构调整，产业区域化布局已初步形成。

1. **苹果主产区**　胶东半岛（烟台市、威海市和青岛市）和沂蒙山区（潍坊市和临沂市）的苹果产量之和占全省苹果总产量的69.11%。

2.**桃主产区**　临沂市桃产量占全省桃总产量的39.39%；潍坊市、泰安市和淄博市桃产量之和占全省桃总产量的30.95%。

3.**梨主产区**　烟台市、滨州市、聊城市和菏泽市，其梨产量之和占全省梨总产量的62.02%。

4.**葡萄主产区**　烟台市葡萄产量占全省葡萄总产量的28.33%；淄博市和临沂市葡萄产量之和占全省葡萄总产量的22.4%。

核桃古树

5.**枣主产区**　滨州市和德州市枣产量之和占全省枣总产量的82.29%。

6.**杏主产区**　泰安市、临沂市和济南市杏产量之和占全省杏总产量的50.58%。

7.**山楂主产区**　潍坊市和临沂市山楂产量之和占全省山楂总产量的60.77%。

8.**柿主产区**　潍坊市、临沂市和济南市的柿产量之和占全省柿总产量的60.25%。

9.**板栗主产区**　临沂市板栗产量占全省板栗总产量的37.33%；泰安市板栗产量占全省板栗总产量的13.69%。

10.**核桃主产区**　济南市核桃产量占全省核桃总产量的39.17%；泰安市和临沂市核桃产量之和占全省核桃总产量的36.19%。

第三节　果树资源的保存与评价

一、果树资源调查

据1980年统计显示，山东省果树总计15科、26属、68种，品种数以千计。《山东果树志》记载，山东省果树资源有17科、33属、92种、34变种、2 319个品种和类型，包括银杏科（银杏属）、核桃科（核桃属和山核桃属）、桦木科（榛属）、山毛榉科（栗属）、桑科（榕属和桑属）、木通科（木通属）、茶藨子科（茶藨子属）、蔷薇科（梨属、苹果属、木瓜属、榅桲属、山楂属、树莓属、草莓属、李属和蔷薇属）、芸香

木瓜花

科（枳属、金柑属、柑橘属和花椒属）、无患子科（文冠果属）、鼠李科（枣属和枳椇属）、葡萄科（葡萄属和蛇葡萄属）、猕猴桃科（猕猴桃属）、胡颓子科（沙棘属和胡颓子属）、安石榴科（石榴属）、杜鹃科（越橘属）和柿科（柿属）。张毅在《山东省果树志》的基础上进行了统计整理，增加了木兰科（五味子属）、蒺藜科（白刺

青州海棠古树

属）、漆树科（黄连木属）、椴树科（扁担杆属）、山茱萸科（四照花属、山茱萸属和梾木属）、茄科（枸杞属和酸浆属）、忍冬科（忍冬属）；核桃科中增加了枫杨属，桑科中增加了构属和柘属，蔷薇科中增加了楮子属、欧楂属和花楸属，葡萄科中增加了爬山虎属；将茶藨子科（茶藨子属）改为虎耳草科（茶藨子属）、安石榴科（石榴属）改为石榴科（石榴属），但最新研究表明石榴属于千屈菜科，芸香科中枳属和金柑属改为构橘属和金橘属；现有果树种质资源24科、50属、168种（变种），其中原始分布21科、39属、113种（变种），从其他省区引进2科、7属、33种或变种，从国外引进1科、4属、22种（变种），山东原产果树资源在现有资源种类中占有优势地位；常规果树有11科、16属、30种（变种）；原始分布的野生果树资源有20科、34属、81种（变种）。

二、古树的定义及山东省古树资源

据我国有关部门规定，一般树龄在百年以上的大树即为古树；而那些树种稀有、名贵或具有历史价值、纪念意义的树木则可称为名木。古树名木的分级：古树分为国家一、二、三级。《中华人民共和国环境保护法》规定："各级人民政府对古树名木，应当采取措施加以保护，严禁破坏"。1992年5月20日国务院第104次常务会议通过的《中华人民共和国城市绿化条例》提出古树名木的含义和范围，同时规定："对城市古树名木实行统一管理，分别养护，应当建立古树名木档案和标志，规定保护范围，加强养护管理"，并严格强调"严禁砍伐或者迁移古树名木"，对"砍伐、

樱桃

擅自迁移古树名木或者因管护不善致使古树名木受到损伤或者死亡的，要严肃查处，依法追究责任。"

　　山东省古树名木种类多样，数量众多。据古树名木资源调查统计数据（包括分类等级）显示，山东省古树群有187个，散生古树名木共有7 243株，其中属一级保护的古树有2 133株，二级保护的古树有1 931株，三级保护的古树有3 133株，属于名木的有46株。从山东省古树名木在各地市分布情况来看，古树名木株数最多的是潍坊市，古树群31个，古树名木1 366株；其次为青岛市，古树名木1 063株；第三位是临沂市，古树群21个，古树名木784株。全省古树名木共有41科，将各科所含属种数量进行统计，科内种数大于5种的有3个科，分别为蔷薇科、木犀科和松科，其中蔷薇科包括7属10种，木犀科包括7属7种，松科包括2属6种。另外，单属单种的古树名木科数所占比例较大，占总科数的51.22%。

三、果树资源的收集与保存

　　山东省在果树种质资源的收集保存利用方面已做了大量的工作，山东省果树研究所1985年建成"国家果树种质泰安核桃、板栗圃"，收集核桃属6个种、山核桃属2个种、普通核桃实生优良类型及品种85份，栗属资源5个种和变种、栗资源134份。2002—2003年建设了"山东省核桃、板栗、枣、樱桃、石榴种质资源圃"。目前有核桃、板栗圃用

济南灵岩寺古柿树群

地4.1hm²，枣圃2.73hm²，除收集核桃和板栗外，还收集枣种质125份、樱桃种质116份、石榴种质85份。山东省果树研究所还建有"名特优果树种质圃"，收集和自国外引进苹果、梨、桃、油桃、杏、李、葡萄、扁桃、柿、石榴和樱桃等10余个树种的资源800余份，从国外引进乌克兰系列甜樱桃新品种和Gisela系列甜樱桃矮化砧，目前名特优果树种质和引种资源圃20余hm²。山东农业大学园艺科学与工程学院收集保存观赏果树、栽培良种等果树种质数百份，烟台农业科学院果树研究所收集保存苹果种质数百份。

　　本书对果树产区百年以上的主要古树名木进行调查，调查内容包括：社会经济、自然条件（地形、气候、土壤、植被）、植物学特性（生长习性、物候期、开花、结

果特性）、栽培历史及分布、文化传说等。同时，对相关古树名木进行拍照、地理位置定位。最后，通过调查资料进行资料的汇总整理和分析总结，如发现有资料缺失不全的，应予补充。

枯死的古柿树

关于古树名木的保护，各市、县林业部门对所在辖区百年以上的古树名木进行了相关调查。调查项目主要是树高、胸径、冠幅、孔洞、树瘤、分枝状况、裸根情况、生长姿态、生长势、病虫害、生长环境、树龄、历史传说等。根据调查项目进行等级评价，并进行相应的登记、挂牌等，对与当地品种明显不同的古树采用接穗、种子等方式进行资源的收集保存。从保护的角度而言，山东省在对古树名木的保护方面做了大量的工作，如在古树周围砌花坛、设护栏，有些地方用绳子牵

枯死的古板栗树

引歪斜主干、枝条等，都不同程度地取得一些成效。总体来看，位于市区和旅游区的古树一般保护较好；而有些古树位于深山偏远地带，即使树龄较大，但保护一般也较粗放。有些古树因树龄较大、生长势下降、土壤立地条件差、过度保护、人为破坏等因素而面临着生死去留的境地，处境堪忧。

四、古树资源保护建议

鉴于古树名木的重要价值，各地林业主管部门要及时开展保护和复壮的研究工作。

1. **加强古树名木的支撑等保护管理**　古树名木由于年代久远、年龄老化、曾受伤害等原因，树体稳健度变差，枝条下垂，容易失去平衡，应采取设棚架支撑、堵树洞、设避雷针等方式加强对古树的保护管理。

2. **改善立地条件**　对生长在贫瘠土壤中的古树，要调查其立地土壤，测定所缺营养成分，进行营养的平衡补给，对于古树名木周围板结的土壤，要适时松土，增加土

壤的疏松度与通透度。

3.**强化古树保护理念，杜绝过度保护**　对古树名木进行明显详细的挂牌管理。让人们能通过扫描二维码或观看标示牌了解相关信息，加深人们对古树名木的认识，加强保护意识，并能够自觉地加以保护。对古树的保护要充分考虑古树周围环境及其生长需要，选择合理的保护措施，严禁过度保护。

4.**加强立法，加大宣传和执法力度**　通过宣讲、画册等方式加强对保护古树名木的宣传，尤其要加强保护古树名木的重要性和迫切性的宣传，增强人们保护古树名木的意识；建立相应的保护补偿机制，提高人们保护古树名木的积极性；加大执法力度，将古树名木的保护与管理纳入法制轨道。

古板栗树改接换头

各

论

第一章
仁果类古树

第一节 梨

一、概 述

（一）梨的价值

《罗氏会约医镜》指出：梨"外可散风，内可涤烦。生用，清六腑之热，熟食，滋五脏之阴。"《本草纲目》记载，"肖梨有治风热、润肺凉心、消痰降炎、解毒之功也。"而民间典故亦传，红肖梨能治百病，是老少咸宜的食疗佳果。据《本草通玄》记载，梨"生者清六腑之热，熟者滋五脏之阴。"即生食去实火，熟食去虚火，患者可酌情选用。

古梨树

我国医学认为梨性寒、味甘、微酸，入肺、胃经，有生吞津、润燥、消痰、止咳、降火、清心等功效，可用于热病津伤、消渴、热痰咳嗽、便秘等症的治疗。对肝炎患者有保肝、助消化、促食欲的作用，肝炎上亢或肝火上炎型的高血压患者，常食可滋阴清热，使血压降低、头昏目眩减轻、耳鸣心悸好转。但由于梨性寒，有脾胃虚寒、慢性肠炎者不宜食用，金疮及产妇大忌。梨中含有较多的配糖体和鞣酸成分以及多种维生素，可减轻高血压、心肺病、肝炎、肝硬化患者的头昏目眩、心悸耳鸣症状。梨性寒凉，含水量大，且含糖分高，其中主要是果糖、葡萄糖、蔗糖等可溶性糖，并含多种有机酸，故汁多爽口，香甜宜人，食后满口清凉，既有营养，又解热症，可止

咳生津、清心润喉、降火解暑，可为夏秋热病适宜的清凉果
品；又可润肺、止咳、化痰，对感冒、咳嗽、急慢性气管
炎患者有效。

梨果

（二）起源及发展现状

梨是蔷薇科（Rosaceae）梨属（*Pyrus*）落叶果树，
原产我国，栽培历史悠久，种质资源丰富，全世界梨属
植物 35 个种（13 个种原产中国），4 个栽培品种——秋子
梨、白梨、砂梨和西洋梨中，除西洋梨外均原产于中国。

古书中最早记载梨的是《诗经》。《诗经·国风·秦风·晨
风》中有"山有苞棣，隰有树檖"，其意即郁李密密满山坡、
洼地山梨荡绿波。陕西岐山保存下来的"召伯甘棠"是我国最早人工植梨的记载。春
秋战国时期，梨的记载也较多。《庄子》中记载，"三王五帝之礼仪法度，其犹柤梨橘
柚果瓜之属耶？其味反而皆可于口"。这说明，在 3000 多年前，我国黄河流域的广大
地区已经栽培梨树了。秦汉以来，梨树作为经济作物，其栽培数量和区域不断增加。
《史记》中记载"淮北荥南河济之间，千树梨，其人皆与千户侯等"。《西京杂记》中记
载，"瀚海梨，出瀚海北，耐寒不枯。"又据《魏书》记载，"真定御梨，大如拳，甘如
蜜，脆如菱"。由此看来，2000 年前，我国梨树不仅盛行栽培，而且已拥有很好的品种
了。到了北魏（6 世纪），我国劳动人民在梨树栽培、果实贮藏等方面积累了丰富的经
验。贾思勰《齐民要术》记载，"初霜后，即收。霜多即不得经夏也。于屋下掘作，深
荫坑底，勿令润湿。收梨置中，不须覆盖，便得经夏"。

唐宋时期，梨的栽培兴盛。《唐书·渤海传》中有"果有九都之李，乐游之
梨""狼藉梨花满城月，当时长醉信陵门""已种千竿竹，又栽千树梨""洛阳一别梨花
新，黄鸟飞飞逢故人"。宋代《本草图经》中记载了北方 11 个梨树品种，其中有"出
近京州郡及北部"的"鹅梨"，"皮
薄而浆多，味差短于乳梨，香过
之"，产于"宣城"的"乳梨（雪
梨）"，"皮厚而肉实"。

元明清时，梨树的栽培区域化，
梨在果品中的地位逐渐提高，人们
对梨非常喜爱。《农桑辑要》和《王
祯农书》把梨列为首位，排在诸多
水果之前。明代嘉靖癸巳年（1533）
《山东通志》中记载，"梨，六府皆

梨花盛开景象

梨枝叶

有之。其种曰红消、曰秋白、曰香水、曰鹅梨、曰瓶梨，出东昌、临清、武城者为佳"。清顺治十四年《西镇志》中记载"梨河西皆有，唯肃州、西宁为佳"。清康熙二十五年的《兰州志》中还有金瓶梨、香水梨、鸡腿梨、酥密梨、平梨、冬果的记载。我国历代劳动人民在长期栽植梨树的过程中，选育出很多优良品种，栽培技术不断提高。

梨是山东省重要的水果种类，栽培历史悠久，品种资源丰富，种植区域广泛。多年来，梨产业对于促进全省农业农村经济发展、增加农民收入均发挥了重要作用。2018年，全省梨栽培面积3.5万hm²，产量101.1万t，面积和产量分别占全省水果总量的6.1%和6.0%，分别占全国梨总量的3.7%和6.3%，分居全国第十二位和第七位。形成了胶东半岛、鲁西北平原和鲁中南三大梨主产区。胶东半岛梨区产量约占全省的40%，主要栽培品种有莱阳茌梨和黄金梨等日韩系列品种，分布在莱阳、龙口、莱西等几个梨主产县（市）；鲁西北平原梨区主要品种有鸭梨、黄金梨等，产量约占全省40%，其中，阳信、冠县是该区域主要的梨生产基地；鲁中南梨区有丰水梨、酥梨等品种，其中，费县、滕州、单县等是梨生产大县（市）。

山东省梨贮藏能力约为15万t，占全省梨总产量的15%左右；加工量约占全省梨总产量的11%左右，加工产品主要包括梨汁、梨罐头、梨脯、梨醋等。从国内市场来看，山东梨产量的60%~70%销往全国20多个省地市，占据了国内一定的市场份额。从国际市场来看，梨作为山东传统优势果品，常年出口量8万t以上，出口量和出口额均居全国第一位，但与产量相比，出口量所占比例较小。山东省梨栽培品种以鸭梨、丰水、黄金等中晚熟品种为主，栽培面积接近总面积的80%，黄冠、翠冠、新梨7号等优新品种也有一定面积的栽培。

（三）梨的植物学特性

梨是一种落叶乔木或灌木，极少数品种为常绿，属于被子植物门双子叶植物纲蔷薇科苹果亚科。叶片多呈卵形，大小因品种不同而各异。花为白色，或略带黄色、粉红色，有五瓣。果实形状有圆形的，也有基部较细尾部较粗的，即俗称的"梨形"；不同品种的果皮颜色大相径庭，有黄色、绿色、黄中带绿、绿中带黄、黄褐色、绿褐色、红褐色、褐色，个别品种亦有紫红色；野生梨的果径较小，在1~4cm，而人工培植的品种果径可达8cm，长度可达18cm。山东地区一般花期4月，果期8~9月。

（四）山东梨的文化

1.孔融让梨　孔融是东汉时期著名的文学家。孔融家有6个兄弟，他排行老幺。因为他性情活泼、随和，大家都喜欢他。虽然家里兄弟多，但父母对他们每个人的要求都很严格：要勤奋读书，对人要懂礼貌，说话要和气，兄弟们之间要互相谦让，多为他人着想，别人有困难时要及时给予帮助。孔融年纪虽小，父母的话，他都记得清清楚楚。他喜欢做事，总抢着扫地、端碗，非常讨人喜欢。

孔融4岁那年，有一天，父亲的一个学生来看望老师和师母，并带来了一大堆梨。客人让孔融把梨分给大家吃。在父亲点头同意后，小孔融站起来给大家分梨。他先拿个最大的梨给客人，然后挑两个大的给父亲、母亲，再把大的一个一个分给了哥哥们。最后，他才在一大堆梨中，拿了一个最小的给自己。客人问小孔融为什么捡一个最小的给自己呢？孔融回答："我年纪最小，当然应该吃最小的"。客人听了孔融的回答直夸奖他，父亲也满意地点了点头。后来，父亲的学生便把孔融分梨、让梨的故事写成了文章，于是大家就把它传诵开来，作为教育孩子要学会相互谦让的典故，一直流传至今。

2.梨虽无主，吾心有主　《元史》记载，宋元之际，世道纷乱。学者许衡外出，天气炎热，口渴难忍。路边正好有棵梨树，行人都去摘梨止渴。惟许衡不为所动。有人问："你为何不摘梨呢？"许衡道："不是自己的梨，岂能乱摘？"那人笑他迂腐："世道如此纷乱，管他谁的梨？它已没有主人了"。许衡说："梨虽无主，但我心有主"。这个典故说明，心灵需要自我维护。纯洁的心灵是智者所追求的，心灵有了污点，人生也就不再完美了。

梨古树群

二、滨州阳信百年梨园

（一）起源与分布

1.地理位置　百年梨园位于滨州市阳信县金阳办事处梨园郭村内。H[①]=3m，

---

① 本书中H指海拔。

E①=117°32.4291′，N②=37°40.2349′。

2．起源　历史记载，阳信县栽培鸭梨的历史悠久，早在盛唐时期就有大面积的栽培，明代初年便开始了园林生产和商品经营，等到清末民初，已开始外销东南亚，是实至名归的"鸭梨之乡"。

3．分布与生境　百年梨园现有百年以上树龄的老梨树693棵，其中，树龄在200年以上的有100余棵。百年梨园是国家AAA级旅游景区，位于黄河三角洲平原开发中心地带，属暖温带大陆性季风气候，气候温和，四季分明。土壤为潮土，质地肥沃，水源充足，适合梨树生长。

百年梨园

中国鸭梨之乡

（二）植物学特性

落叶乔木，树高2.5～3.1m，胸径0.6～1.2m，冠幅东西13.6～16.9m、南北12.7～15.4m。树体高大，树姿开张，枝繁叶茂，开花结果能力强。果个大，平均单果重175g，外形美观，色泽金黄，呈倒卵形，皮薄核小，香味浓郁，清脆爽口，酸甜适度，风味独特，可溶性固形物含量为14.5%。3月下旬至4月中旬开花，8月底至10月初果实成熟。

鸭梨结果状

（三）保存现状

在滨州市阳信县金阳办事处梨园郭村里保护起来。管护单位：梨园郭村村委会。

---

①本书中E指东经。②本书中N指北纬。

（四）文化价值

放眼百年梨园，古老的梨树枝干苍劲，纵横交错，有的如孔雀开屏，有的像姐妹牵手，有的似千手观音，形态各异，美不胜收。《论语》中记载："君子务本，本立而道生。孝悌也者，其为仁之本与！"《三字经》云："融四岁，能让梨。弟于长，宜先知"。在众多的水果中，还没有一个能像梨这样和"孝悌"紧密结合的。阳信县，鲁北平

古梨树开花

原上一个有着千年历史的老县。前202年，强盛的西汉建立，同一年，设置了阳信县，因名将韩信屯兵古笃河之阳而得名。一个是承载了中华民族仁礼孝悌的梨，一个是有着悠久历史的古县，二者的完美结合造就了闻名遐迩的阳信鸭梨。

在阳信鸭梨的发展中，朱万祥是一个做出了突出贡献的人，被评为全国绿化劳动模范、山东省农民科技状元。朱万祥出身于普通农民家庭，从15岁就开始研究梨树生长与管理，在鸭梨栽培管理等实践方面积累了丰富的经验，他提出了一系列新技术，包括病虫害防治、授粉、密植丰产栽培、套袋及新品种引进等，解决了果树"大小年"问题，打破了"桃三杏四梨五年"的生产常规，并极大地改进改良了阳信鸭梨的管理生产等技术，使阳信鸭梨屡获国家级和省级大奖。斯人已逝，梨树永念。

"不食千钟粟，唯餐两颗梨"，表达的是一种洒脱诗意的人生态度，"蝶舞梨园雪，莺啼柳带烟"，则描写的是满园梨花盛开的曼妙仙境。漫步百年梨园，诗意人生和美丽仙境就会扑面而来，春有梨花千树雪，夏有梨叶含细雨，秋有仙梨笑西风，冬有梨树似虬龙，一年四季，美景常在，移步换景，美不胜收。

三、滨州阳信梨祖杜母

（一）起源与分布

1. **地理位置**　梨祖杜母位于滨州市阳信县金阳办事处张玉芝村内。H=3m，E=117°33.8158′，N=37°40.4752′。

2. **起源**　洪熙元年（1425），宣宗皇帝朱瞻基率军征讨汉王朱高煦时已有栽培，迄今已有上千年的栽培历史。

3. **分布与生境**　张玉芝村属暖温带大陆性季风气候，四季分明。土壤为潮土，保

水保肥性能好，适合梨树生长。

（二）植物学特性

落叶乔木，树高9.5m，胸径1.6m，冠幅东西17.4m、南北16.8m。树体高大，树姿开张，树形优美，如虬龙卧地，苍劲有力，枝繁叶茂，年年能开花结果。枝具刺，二年生枝条紫褐色。叶片菱状卵形至长圆卵形，幼叶上下两面均密被灰白色茸毛。伞形总状花序，有花10～15朵，花瓣白色，宽卵形。花柱2～3个，具毛。果实近球形，褐色，有淡色斑点，萼片脱落，基部具带茸毛果梗。花期4月，果期8～9月。

梨祖杜母古树

梨祖杜母古树枝叶

（三）保存现状

在滨州市阳信县金阳办事处张玉芝村里保护起来。管护单位：张玉芝村村委会。

（四）文化价值

洪熙元年（1425），汉王朱高煦在乐安州造反，宣宗皇帝朱瞻基率军征讨。8月20日，大军路过阳信境。路途劳顿，天气炎热，宣宗皇帝口渴难耐，见路边有一果树，便

梨祖杜母古树开花

摘了一颗果子放在嘴里，不觉眉头一皱，问这是什么果子？正在树下浇园的老农，赶忙跪拜："启禀皇上，这树是杜母，虽然酸涩，但它是所有梨树的祖宗，只有它的种子才能育苗、嫁接、繁衍。果子不好吃，那就请您喝碗水解解渴吧。"说罢，从柳斗里舀上一碗水，敬献给皇帝。皇帝接过一饮而尽，顿觉一股清凉甘洌纵贯全身。随即，宣

宗皇帝让将士在此打水解渴。谁料井水越打越旺，宣宗皇帝惊奇万分，不由脱口而出："此乃杜母梨祖、甘甜龙泉也"。次日，宣宗将汉王镇压，把乐安州改为武定州，便班师回朝。虽然宣宗返回了京城，但受过皇封的梨祖杜母更加茂盛，驻跸的龙泉井水更加清澈，也更加甘甜。

四、德州夏津香雪园梨树

（一）起源与分布

1.**地理位置**　梨树王位于德州市夏津县黄河故道森林公园香雪园内。H=3m，E=116°8.7419′，N=37°2.8910′。

2.**起源**　夏津黄河故道森林公园香雪园景区的古梨树群初植于1874年，面积60余hm²，梨树上万株，其中百年以上的古梨树有2 000余株，"梨树王"更是古树中的珍品。目前，梨树品种有鸭梨、面梨和酸梨等20余个品种。

3.**分布与生境**　香雪园位于夏津黄河故道森林公园内，集中分布在苏留庄镇义和庄村南。

香雪园梨树王

香雪园梨树王碑

（二）植物学特性

梨树王和梨为落叶乔木，树高3.5m，干高1.2m，冠幅东西18.2m、南北17.3m。树姿开张，长势良好，枝繁叶茂，年年能大量开花结果。果形端正、果面洁净光滑、色泽金黄，呈倒卵形。皮薄核小、清脆爽口，肉嫩质细且脆、味甜汁多且浓、可溶性固形物15%左右，石细胞少、耐贮藏。3月下旬至4月中旬开花，8月底至10月初果实成熟。

梨树王枝干　　　　　　　　　　　　开花状

（三）保存现状

在德州市夏津县黄河故道森林公园香雪园内较好保护起来。管护单位：黄河故道森林公园管委会。

（四）文化价值

香雪园面积60多hm²，由京剧大家梅葆玖先生题字，园内建有义和团运动、贵妃醉酒、西厢记、梁山伯与祝英台等雕塑，园内有梨树数万株，其中百年以上的古梨树有2 000余株。

梨园初形成于隋末唐初，相传619年（唐武德二年）夏王窦建德与隋军宇文化及大战于聊城，最终大获全胜，曾驻军黄河故道，在梨园犒赏全军。如今呈现在大家面前的梨园，经过了千百年的沧桑变迁已发展成为面积60多hm²、梨树数万株、百年以上古梨树2 000余株的大型景区。

金秋时节梨园内硕果飘香，鸭嘴梨、金黄梨、雪花梨、面梨、酸梨等20多个品种相继成熟，一个个酥脆细腻，皮薄肉嫩，浆汁丰浓，甘甜爽口。金秋时节来到梨园，不仅可以采摘香梨，也可以挖花生、刨地瓜，体验农耕之乐。

五、聊城冠县兰沃乡梨树

（一）起源与分布

1.地理位置　梨树王位于聊城市冠县兰沃乡韩路村"中华第一梨园"风景区内，在梨树王西北方向有棵梨王后。H=3m，E=115°36.8275′，N=36°35.2693′。

2.起源　梨树王乃汉光武帝刘秀御封，虽屡遭枯衰，均有后人在原地复栽。此株是康熙八年当地王氏第八世祖王泰续栽。历时300多年，高8m，粗两抱，树冠占地近百平方米，年产梨2 000余kg，不同凡梨，颇具王者风范。梨树王高大、苍劲高耸，实属罕见少有。据专家评定："梨树王"树体之高大，树龄之古，产量之丰厚，均为全国第一。在其周围还有梨王后、左梨相和右梨相存在。

　　3.**分布与生境**　梨树王所在的中华第一梨园风景区地处冀鲁豫三省交界处的黄河故道。属温热带大陆性半干旱季风气候，土质为沙质土壤，有机质含量≥0.7%，pH7.4～7.8，水源充足，加之较长的无霜期和充足的光照时数，形成了非常适合梨树生长的自然条件。

梨树王、左右梨相

（二）植物学特性

　　梨树王和梨王后均为落叶乔木，梨树王树高8.2m，胸径2.4m，冠幅东西19.5m、南北16.5m。梨王后树高7.6m，胸径1.3m，冠幅东西15.7m、南北14.6m。树体高大，树姿开张，长势良好，枝繁叶茂，年年能大量开花结果。果个大、果形端正、果面洁净光滑、色泽金黄，呈倒卵形，因梨梗基部突起状似鸭头而得名。皮薄核小、清脆爽口，肉嫩质细且脆、味甜汁多且浓、可溶性固形物含量14%左右，石细胞少、耐贮藏。3月下旬至4月中旬开花，8月底至10月初果实成熟。

梨树王开花

梨王后

（三）保存现状

　　在中华第一梨园风景区中较好保护起来。管护单位：中华第一梨园风景区管委会。

（四）文化价值

　　辞赋名家金学孟著有《冠州梨园赋》，又名《冠州梨园赋》（并序），是篇精美的游记类辞赋小品文，对梨园的文化进行了详细描述。选文如下：

"丙戌四月九日，大众为媒，口腔鼎助，冠州尽地主之谊，群贤毕至，高士皆聚，有髦耋张维芳之大家，无白丁吴狱司之蠢妇，上仰古稀矍铄赛后生，下抚童子笑脸映桃红。兄弟莫逆话无尽，姐妹牵手悄悄行。才将思念圣丐名，忽闻梨花伴晓风。遂，感慨为之。"

西依漳卫，东傍京杭，马家河水，潺潺流淌。尝言桃花谢了匆匆，可喜桃梨今日同盛。蜂飞花柱忘复行，蝶忙吻落皓白英。风起一瞬间，感叹若此生，簇花蕾枝同，粲然联体生。尝知花以娇艳为尊，不想梨花今时皎明。信步冠州兰沃万亩梨园中，采撷蜂忙碟舞竟把落英弄。瞬间白云移家驻冠州，顿使飞雪片片落无声。凝心细察绽开情，萼柱缱绻坐果青。

相携坛友梨王下，摄留真情含笑影。净旦生末丑齐集，风雅赋比兴同咏。秋千荡起飞扬逞，栈道卧看笑人行。莫忘沙荒兰沃乡，本乃飞沙不嫁郎，且喜邻邑窈窕女，慕名缠绵不思乡。有女当嫁兰沃来，梨花酿酒贺新娘。

六、菏泽面梨

（一）起源与分布

1. 地理位置　面梨位于菏泽市牡丹区牡丹办事处天香社区芦堌堆村内。H=45m，E=115°29.4136′，N=35°17.2941′。

2. 起源　面梨在当地已有500年的栽培历史，具体起源不详。

3. 分布与生境　面梨零星分布在芦堌堆村内，长势良好。该地区属暖温带大陆性季风气候，四季分明，夏季炎热多雨，冬季寒冷干燥，雨热同期。土壤为轻壤质潮土，养分含量高，适合梨树生长。

（二）植物学特性

面梨树体高大、直立，树高3.6～4.8m，冠幅东西11.4m、南北9.7m，主干高，开花结果量少。叶片绿色，长3.5～5.2cm，宽2.6～3.1cm，叶面平滑有光泽，叶柄1.8～2.6cm。伞形花序，每花序7朵花，花瓣数目5～8片，花瓣白色，椭圆形。果实扁圆形，果皮黄绿色，成熟后日益糖化，松软如沙，有香气，品质佳。9月中旬至10月中下旬成熟。

面梨古树牌

（三）保存现状

在菏泽市牡丹区牡丹办事处天香社区芦堌堆村中较好保护起来。管护单位：芦堌堆村村委会。

（四）文化价值

面梨最大的特点是色黄、个大、有香气，与木瓜很相似，有"拿着木瓜当面梨"的说法。关于这一说法的来历，还有一个传说。有一对老夫妻，无儿无女，就靠地里的几棵大梨树结的果子来过活。两位老人对梨树非常好，冬天的时候给它们刮皮挠痒，夏天的时候就搬到地里与梨树做伴，秋天就攒些粪肥给它们施肥。

菏泽面梨

一天，老太太对老头说："现在咱们还能活动，还能吃得动梨，要是以后老了，啥也干不了，牙口也不好了，那可怎么办啊？要是梨树结的果子能当面吃，那就好了。"老头笑着说："种瓜得瓜，种豆得豆，你不给它面吃，它怎么会结面？"老太太还真把这话当回事了，经常撒些豆面、玉米面在树下，嘴里还说："说不定哪天还真就结面梨了呢！"

有一年，发了大水，颗粒无收。乡亲们只好出去逃荒，可是两位老人手脚不便，又没有人照顾，眼看就要活不下去了。就在这个时候，老太太突然发现有一棵梨树与众不同，结的果子特别大，摘下来一摸很柔软，揭掉皮一尝，面得很，吃多了还噎人。两位老人喜出望外，赶快摘下来分给邻居们，还留出一部分度过了饥荒。

七、菏泽紫酥梨

（一）起源与分布

1. **地理位置** 紫酥梨位于菏泽市牡丹区牡丹办事处天香社区芦堌堆村内。H=45m，E=115°29.4136′，N=35°17.2941′。牡丹区古树名木编号为：MD（2013）0050号。

2. **起源** 据记载，紫酥梨已有500年的栽培历史，具体起源不详。

3. **分布与生境** 紫酥梨分布在芦堌堆村内，长势良好。该地区属暖温带大陆性季风气候，四季分明，夏季炎热多雨，冬季寒冷干燥，雨热同

紫酥梨古树牌

期。土壤为轻壤质潮土，养分含量高，适合梨树生长。

（二）植物学特性

紫酥梨树体直立，高4.7m，冠幅东西6.3m、南北5.4m，开花结果量少。叶片绿色，长5.8cm，宽3.4cm，叶渐尖，叶面平滑有光泽，叶缘锯齿单，整齐，有腺体；叶柄约2.6cm。伞形花序，每花序7朵花，花瓣数目5～8片，花瓣白色，椭圆形。果实鹅卵形，中等大小，单果重168g；果皮红黄色，有大面积的棕黄色锈斑，色泽鲜丽，果点大而粗，果柄短。果肉微黄，脆而致密，味甜带微酸，有香气，风味佳，可溶性固形物含量14.5%左右，品质佳。9月中旬至10月中下旬成熟。

紫酥梨

（三）保存现状

在菏泽市牡丹区牡丹办事处天香社区芦堌堆村中较好保护起来。管护单位：芦堌堆村村委会。

八、烟台莱阳芦儿港村梨

（一）起源与分布

1.**地理位置**　位于烟台市莱阳县照旺庄镇芦儿港村内。H=28m，E=120°43.9064′，N=36°55.0301′。

2.**起源**　据记载，梨树王种植于明崇祯年间，1961年成书的中国果树志中记载当时芦儿港村梨树王已有380年。目前生长在梨农王京福的梨园里。

3.**分布与生境**　芦儿港村地处胶东半岛腹地，南濒黄海、河海交汇，属温带大陆性季风气候，光照充足、四季分明，冬无严寒，夏无酷暑，年平均气温11℃。空气湿度大，昼夜温差大，利于梨树糖分积累。土壤为五龙河沉积形成的沙土地，富含有机质，土质松散，通透性好，蓄肥、保湿效果好。

（二）植物学特性

梨园里的百年梨树为落叶乔木，树高1.8～2.6m，胸径0.7～1.3m，冠幅东西15.7～19.2m、南北14.6～17.9m。树体高大、开张，枝干弯曲伸展，开花结果能力强。花

百年梨园

梨树王碑

白色，5～6瓣，花梗绿色。果实为倒卵形，肩部常有一侧突起，平均单果重233g，大者可达600g。果皮绿黄色，果点大而凸出，褐色，果面粗糙，外观较差。果心中大，果肉淡黄白色，脆嫩多汁，味甜，可溶性固形物含量15.3%，品质上等。9月底至10月上旬成熟。果实一般可贮至翌年2～3月，丰产性及适应性强。

梨树王开花

梨王果

（三）保存现状

在烟台市莱阳县照旺庄镇芦儿港村里保护起来。管护单位：芦儿港村村委会。

（四）文化价值

1991年，当地政府为梨树王立石碑纪念，碑文如下："古之豨养泽，历经沧桑，形成万亩梨园。银花奇树，千姿百态，浑然艺海。日月精华，钟于灵秀。神土宝地，生此梨树王。此树植于明崇祯年间，至今三百余载。主干丈余，其围合抱，积年风沙，藏于地下。枝干有五，螭曲行空，犹如五龙汇聚斗胜，寿高而愈健。年老而不衰，春华秋实，年果万余，清时列为贡品。1961年成书的《中国果树志》中，此树照片题记：380年生梨树，莱阳芦儿港，树龄之长，结果之多，均为世界之最。特立石志之。"梨树王主干需成年人张开双臂才能将其合围过来，但因为年代久远、风沙堆积，1m多高的主干已被深深埋在地下。梨树王有5个分枝干，每个枝干都俨然一颗独立的大树，粗大健硕。至今梨树王经过岁月的洗礼，仍枝繁叶茂，每年开花结果，从未间断。

传说古时候有个姓董的书生，在进京赶考的路上突然病了，一天到晚地咳嗽。行至五龙河边，在这棵老梨树下，书生念叨着自己命不久矣，希望有长寿秘诀。刚说完，梨树后面走出一位鹤发童颜的长者，他手里托着一个金黄色的大梨，送给书生。书生张嘴咬了一口，谁知那梨入口后还未细嚼，便化为蜜汁，顿觉口中生津、五脏滋润、六腑清爽。长者送给书生一筐大梨，嘱咐他每顿饭后食梨1枚。书生边走边吃，行至长安，病体完全康复，还中了状元。

好事成双，书生又被公主看中，被皇上招为驸马。驸马将自己此行的经历告诉了公主，并取出剩下的四枚莱阳梨请公主品尝。公主吃后，赞不绝口，认为远胜宫中的水果。转天她便进宫将其中两枚献给父皇、母后享用。皇上、皇后吃后，均感从没吃过如此可口之水果，皇上龙颜大悦，感慨道："梨是水果之宗，而此梨是梨中极品！天下第一！"皇上当即下旨，将莱阳梨定为皇家贡品。莱阳梨从此名扬天下。据说，新科状元衣锦还乡时途经莱阳时，特地到五龙河畔寻找救命恩人表达谢意，然而他找遍十里八乡也没有找到那位老人。他向当地人打听，竟然没人见过这位老人。状元郎忽然醒悟，自己在危难之时应该是遇到了"梨仙"。于是，他来到那棵老梨树下，三叩九拜，行以大礼。其时无风，但老梨树却枝叶自动，像是在回礼一样。

九、烟台莱阳西陶漳村梨

（一）起源与分布

1. 地理位置 位于烟台市莱阳县照旺庄镇西陶漳村内。H=30m，E=120°45.2504′，N=36°56.0653′。

2. 起源 莱阳梨，又名莱阳茌梨、莱阳慈梨，迄今已有500余年的栽培历史。1935年《莱阳县志》记载，清初张姓邑人在茌平县任督学时，带回梨芽与当地杜梨嫁接培育而成，后繁殖五龙诸河两岸，以照旺庄镇芦儿港、西陶漳等村多而质优。

3. 分布与生境 西陶漳村梨园有"亚洲第一茌梨园"之称。属温

慈梨王

带大陆性季风气候，光照充足、四季分明，空气湿度和昼夜温差大，利于果实糖分积累。土壤为五龙河沉积形成的沙土地，富含有机质，土质松散，通透性好，蓄肥、保湿效果好。

（二）植物学特性

梨园内的百年梨树均为落叶乔木，树高1.2～2.4m，胸径0.8～1.6m，冠幅东西16.3～20.8m，南北15.3～19.7m，其中梨王树高2.1m，胸径1.5m，冠幅东西23.4m，南北20.6m。树体开张，枝干虬曲苍劲，尽显岁月沧桑，开花结果能力强。花白色，5～6瓣，花梗绿色。果实为倒卵形，肩部常有一侧突起，平均单果重245g。果皮绿黄色，果点大而凸出，褐色，果面粗糙，外观较差。果肉淡黄白色，脆嫩多汁，味甜，可溶性固形物含量14.8%～15.3%，品质上等。9月底至10月上旬成熟。果实一般可贮至翌年2～3月，丰产性及适应性强。

枝干

慈梨王花

慈梨结果状

梨园结果状

（三）保存现状

在烟台市莱阳县照旺庄镇西陶漳村里保护起来。管护单位：西陶漳村村委会。

（四）文化价值

莱阳梨又称为"贡梨"。明代万历六年，时任莱阳县令祁鲲至梨园品其果，甘甜如饴，赞不绝口，遂题"含津"二字赞之，并取佳果进贡朝廷。后历任县令皆岁岁进贡，贡梨树由此名扬天下。

《莱阳县志》记载："慈梨产蚬河和陶漳河沿岸为最佳"。1959年，西陶漳村民精选贡梨树之果进京，毛主席收到后，指示办公厅秘书室回函，并给付梨款。后函如下："莱阳县照旺庄人民公社9月28日寄给毛主席的信和梨子都收到了，谢谢你们。致敬礼！中共中央办公厅秘书室。1959年10月7日。"短短数语，展现了伟大领袖与人民群众的血肉关系，几元钱的梨款昭示着一代伟人廉洁勤政、高风亮节的品格。

十、泰安宁阳神童山梨

（一）起源与分布

1. 地理位置　梨树王位于泰安市宁阳县葛石镇鹿家崖村神童山风景区内。H=164m，E=116°59.0737′，N=35°48.6433′。

梨树王开花

梨王后

2. 起源　神童山梨园种植历史悠久。据《宁阳县志》（明万历初年）和鹿氏家谱记载：距今已有300多年历史。唐僖宗末年，鹿氏家族从河南迁居于此，带来了河南优质梨，从此广为栽培。到明代，河南梨因其形为倒挂金钟，当地人更名金坠梨。金坠梨同当地山中野梨嫁接，又培育出治疗肺心病、气管炎、肺气肿、哮喘，解肺热的铁梨，观赏与食用俱佳的车头梨。明代就已有十几个品种。神童山的黄梨品质神奇，清乾隆十四年有"一个黄梨一锭金"的美称。2001年12月，葛石万亩梨花已列入齐鲁四大名花，神童山梨花游也被中国旅游协会、山东省旅游局纳入"齐鲁民间民俗文化游"，正式向全世界推荐。

3. 分布与生境　神童山梨园总面积1 300多万m²，是鲁中地区古梨树最集中、面积最大、最具观赏价值的山地梨花景观带。梨树主要分布在宁阳县葛石镇鹿家崖村，该地区地势高、光照充足，属暖温带湿润季节性气候区，四季分明。年均气温13.4℃，日照时数2 679.3h，无霜期199d，平均降水量689.6mm。土质为沙质棕壤土，富含有机质、腐殖质及矿质营养元素，疏松肥沃，比较适合梨树生长。

（二）植物学特性

梨树王树姿开张，树高2.8m，冠幅10.2m，主干盘曲在地面，主干上三大主枝向四周伸展生长，枝丫虬曲，干生鳞甲，尽显岁月沧桑，开花结果量少。果实为金坠子梨、圆锥形、绿色，果面光滑有光泽，果肉白色，质地细而疏松；口感脆，汁液多；风味酸甜适中，可溶性固形物含量14.2%左右，清香，品质上等。9月中旬至10月中下旬成熟。在梨树王旁边的梨王后生长势强，树姿开张，树体高大、直立，开花结果能力强。树高4.2m，冠幅23.8m，干高1.6m。

梨果

（三）保存现状

在泰安市宁阳县葛石镇鹿家崖村神童山风景区中较好保护起来。管护单位：神童山风景区管委会。

（四）文化价值

在神童山风景区还有梨仙亭、仙梨石等与梨树相关的景点。梨仙亭位于神童峰西北1 500m的红鸟山上。亭基是高1.8m、边长均6m的大理石台基。亭为四柱四角挑檐形。亭上覆暗红琉璃瓦，檐坊彩绘各种苏云、流火、花鸟草虫图案。在凤鸟图腾中，红鸟司正。因此，俗传红鸟主生。亭下万亩梨园，春天梨花如雪海银洋，秋天硕果累累。梨仙亭是春观万亩梨花、秋尝梨果的最佳去处。仙梨石又称馒馒石，在青牛石的偏东南方120m处。石弧高18.6m，周长42m，底部平圆，从底向上呈弧形，顶尖，且顶端有一向上翘立的果脐，高30cm左右，无论从哪个角度看，都像一颗倒立在山脊上的石梨。故刘汝朴先生游此起名仙梨石。

十一、临沂平邑上炭沟梨

（一）起源与分布

1. 地理位置　梨树位于临沂市平邑县地方镇上炭沟村内。H=272m，E=117°46.7816′，

N=35°18.0572′。

2. 起源 据当地村民说，梨树约有100年的栽培历史，具体起源不详。

3. 分布与生境 梨树零散分布在上炭沟村的丘陵地上，长势良好。该地区属大陆性季风气候，具有冬季寒冷、夏季炎热、光照充足、无霜期长的特点。土质为褐土，有机质含量高，保水保肥力强，适宜梨树生长。

古梨树

（二）植物学特性

梨树为落叶乔木，树高3.5～4.6m，冠幅东西18.2～19.7m，南北17.3～18.5m。树姿开张，长势良好，枝繁叶茂，开花结果能力强。花白色，5瓣。果实黄绿色，倒卵形，果形端正、果面洁净光滑。皮薄核小、清脆爽口，肉嫩质细且脆、味甜汁多且浓、可溶性固形物含量15%左右。3月下旬至4月中旬开花，9月下旬至10月上旬成熟。

古梨树群

梨幼果

（三）保存现状

在临沂市平邑县地方镇上炭沟村中较好保护起来。管护单位：上炭沟村村委会。

十二、临沂平邑铜石镇梨

（一）起源与分布

1. 地理位置 梨树位于临沂市平邑县铜石镇内。H=246m，E=117°44.2081′，

N=35°19.0933′。

2.起源 据当地果农说，梨树约有100年的栽培历史，具体起源不详。

3.分布与生境 梨树零散分布在铜石镇的丘陵地上，长势良好。该地区属大陆性季风气候，具有冬季寒冷、夏季炎热、光照充足、无霜期长的特点。土质为褐土，有机质含量高，保水保肥力强，适宜梨树生长。

古树名木牌

（二）植物学特性

梨树为落叶乔木，树高3.7～4.8m，冠幅东西17.6～18.5m，南北16.9～17.8m。树姿开张，长势良好，枝繁叶茂，开花结果能力强。花白色，5瓣。果实黄绿色，倒卵形，果形端正、果面洁净光滑，清脆爽口，味甜汁多且浓、可溶性固形物含量14.8%～15.2%，品质佳。3月下旬至4月中旬开花，9月下旬至10月上旬成熟。

（三）保存现状

在临沂市平邑县铜石镇中较好保护起来。管护单位：铜石镇林业站。

古梨树

古梨树枝叶

十三、临沂费县朱田镇梨树王

（一）起源与分布

1.地理位置 万亩梨园位于费县朱田镇北崖许家崖风景区。H=201m，E=117°54.6277′，N=35°11.7222′。

2.起源 栽植年限不详,据村民介绍大约有150年历史。

3.分布与生境 万亩梨园距县城南6km的山区,山顶生态林茂密,以梨为主的果树遍布山坡,连片的黄梨就有万亩以上,沂蒙公路从中穿过,一年四季景色迥异,尤其是每年春天,"千树万树梨花开,满山遍野雪如涌"。

古树标牌

梨树王

梨园古树

(二)植物学特性

景区内100年以上的古梨树有上万棵,平均树高6.5~8.2m,胸径0.4~0.7m,冠幅东西6.5~9.0m。树体高大,树姿开张,枝繁叶茂,开花结果能力强。梨树王树高17.6m,胸径0.8m,冠幅平均17m,枝下高2.6m,树干灰色,深纵裂。主栽品种丰水梨。果实近圆形,果大,果皮黄褐色,充分成熟后呈微红色。果心小,肉质细嫩化渣,爽脆,无石细胞,汁液特多,味浓甜,有香气。

(三)保存现状

多数已经分产到户,由村民具体管护,保护现状良好。管护单位:许家崖林场及附近村民。

(四)文化价值

4月春光美,千树万树梨花开,芬芳引得蜂蝶舞。这是4月费县许家崖的写照。走进万亩梨园里,仿佛融进了一个莹白的、弥漫着一缕缕清香的梦幻世界,又似置身于万亩的天然氧吧。这里的梨树有散生古木之风貌，干如铁铸，枝若游龙，苍古劲拔，极具观赏价值；树象不一，各有风姿，争雄斗奇，每棵树都可使人联想万千。置身梨园赏树赏花，更有一番意境。

梨树王枝干

梨树王枝叶

十四、泰安夏张梨园古树群

（一）起源与分布

1.**地理位置**　万亩梨园位于山东泰安夏张梨园村。H=190m，E=116°59.8274′，N=36°7.7779′。

2.**起源**　古梨树树龄多在300年以上，树种为地方特有的金坠子梨，是全国规模最大的山地古梨园之一。

古梨树

古树标牌

3.**分布与生境**　万亩古梨园位于泰山西南麓夏张镇梨园村，东与满庄镇接壤，北隔青龙山与天平乡相邻，西与肥城市仪阳镇相依，南与马庄镇相连。凤凰山之阳，三面环山一面林坡，山上绿树葱茏，山下沃野千顷，河流纵横，旅游资源丰富。"御道夏张怀古、醉美梨园观光"。

古梨树群1   古梨树群2

（二）植物学特性

梨园村山坡上有百年以上的古梨树上万棵，平均树高3.8～6.5m，胸径0.3～0.8m，冠幅东西6.0～9.5m。树姿开张，枝繁叶茂，开花结果能力强。主栽品种金坠子梨，皮薄汁多、清脆甘甜、润肺止渴。

（三）保存现状

已经分产到户，由村民具体管护，保护现状良好。管护单位：夏张梨园村村民。

古梨树枝干   古梨树树干

（四）文化价值

夏张青龙山、金牛山、小泰山、卧龙山上，生长着近万亩古梨园。以金坠子梨为主，树龄在200～400年。夏张古梨园应该是中国最大的山地梨园。古梨园是夏张特有的旅游资源。阳春赏花、盛夏戏水、金秋摘果、隆冬踏雪……夏张，一年四季风光无限，是人们休闲度假的好去处。古梨园所在之处流传着动人的传说：

凤凰山位于夏张西北，因形似凤凰而得名，古称"赘山"。凤凰山赘阳峰悬崖峭壁上有一山洞叫鹁鸽洞，此洞自然天成，洞内怪石嶙峋，洞壁上龟裂的石缝深不可测，鹁鸽洞左侧峭壁上有棵倒悬生长的古柏，壮若虬龙，在古柏树下，有会仙洞、朝阳洞。山腰间有三块奇特的巨石，名叫"三官石"，传说三官石每落下一块，山下的上王庄内便会出一个大官，1904年龙年的一个夜晚，历史名人王耀武就诞生在这里。

梨果

青龙山位于夏张北面，山顶有一座清代咸丰年间的古寨，名叫青龙寨。至今古寨墙蜿蜒起伏，犹如巨龙踞在高山之上。青龙寨是当地村民修建的防御太平军、捻军的团练山寨。青龙山下有三皇庙、灵液泉等景点，旧时，三皇庙庙会非常兴盛。

夏张东北方向有金牛山，山顶上有一座汉代的古寨，名叫赤犊寨。史料记载，汉更始元年（23），郅君章聚兵于此，创赤犊寨，"赤犊"之意是指郅君章的部队将继承赤眉、绿林起义的传统。赤犊寨面积约4hm²，寨墙基本完好，是"泰山第一古寨"。在金牛山上有一天然石洞叫金牛洞，夏天洞内凉风飕飕，冬天洞内雾气蒸腾。

第二节 海　棠

一、概　述

（一）海棠的价值

海棠为蔷薇科（Rosaceae）苹果属（*Malus*）中果径较小（≤5cm）的一类植物的总称，在我国已有2 000多年的栽培历史。海棠是苹果的优良砧木，观赏价值高，文化底蕴深厚，环境适应性强，应用范围广。

海棠的花、根、果实均可入药，能祛风湿、平肝舒筋，主治风湿疼痛、脚气水肿、吐泻引起的转筋、妇女不孕、尿道感染等症。《饮膳正要》："酸甘平，无毒，治泄痢。"《食物本草》："味酸，

古海棠树干

甘，平，无毒。食之能治泄痢。"
《本草纲目》："酸，甘，平，无毒。
主治泄痢"。海棠果性平，含有糖
类、多种维生素及有机酸，可以帮
助补充人体的细胞液，从而具有生
津止咳的效果。能促进胃肠蠕动，
帮助消化，可以用于治疗消化不良、
食积、腹胀之症，可以健脾开胃。
味甘微酸，甘能缓中、酸能收涩，
具有收敛止泻、和中止痢的功效。

海棠古树

可以补充丰富的维生素，提供机体免疫力。防止贫血，减少妇女乳腺癌和宫颈癌的发
病率。

（二）起源及发展现状

海棠原产我国，在古代称为"柰""棠""林檎"。海棠的名称最早见于前4世纪
成书的地理笔记《山海经》，《山海经·中山经》中载："岷山其木多海棠"。海棠栽培
的最早记录应属西汉《上林赋》，汉武帝修上林苑，群臣献奇花异果，其中有"柰三"
（白柰、紫柰、绿柰），"棠四"（赤、白、青、沙）（晋，葛洪《西京杂记》），紫柰其果
兼有食用和观赏价值。自魏晋南北朝开始，海棠的栽培渐盛。晋代有西府海棠（*Malus
micromalus*）因栽植于安徽西府而得名的记载。海棠作为观赏植物进入庭园栽培，大
概起于唐代，盛于宋代。唐代，海棠被广泛栽植于宫苑之中，唐代宰相贾耽（730—
805）著有《百花谱》以海棠为神仙。宋代，海棠的栽植已达鼎盛时期，被视为"花
之最尊"，并广为文人墨客题咏。宋代（11世纪初）沈立就写了《海棠记》。沈立在四
川益州为官，而成都一带的海棠著称于世。《海棠记》中的海棠主要是垂丝海棠，而

海棠花大多产于北方，海棠作为果
类可能始于明代。宋真宗皇帝赵恒
（998—1022）御制后苑杂花十题，
以海棠为首章。赐近臣唱和，则知
海棠足与牡丹抗衡。《群芳谱》称，
海棠盛于蜀，而秦中次之。其株修
然出尘，俯视群芳，有超群绝类之
势，而其花甚丰，其叶甚茂，其枝
甚柔，望之绰约如处女，非若他花
冶容不正者比，盖色之美者惟海棠。

海棠花

元代，人们栽植海棠的热情依然不减，由庭院一隅扩至路旁四野，从皇亲贵族走入寻常百姓。明清时期，海棠栽植已经遍及全国，应用范围扩展到花园、道路、庭院、寺庙等。在明清两代的地方志中，海棠作为果类出现大约在18世纪初。1730年河北《井陉县志》记载："海棠有春秋两种"。1771年山东《历城县志》在物产中提到频婆、林檎时，

海棠枝条

还提到海棠果。这时，海棠已是楸子和西府海棠中的可食类型了。

19世纪后期，随着西洋苹果的引进，也带来了小苹果。主要是白海棠和大鲜果，因其果小、宿萼、质脆，故也称为海棠果。1915年《山东通志》记载："海棠果从前甚少，近数十年福山等县以此为业，出口甚多"。近年来，海棠在华北、华东等地区得到了大规模的栽培应用。

山东海棠资源丰富，栽培历史较早。6世纪《齐民要术》记载："柰、林檎，不种，但栽之"。又称："种之虽生，其味不佳！"可见人们已经掌握了苹果和海棠的栽培技术。到8世纪苹果成为山东的重要果树之一，其中包括了许多的海棠资源。《本草拾遗》记载："林檎出章丘、益都，兖州也有之：有甘酢两种，甘者早熟，酢者差晚。"即指现在的蜜果（花红）与歪把酸（楸子）两类。山东栽培海棠品种共80多个。山东莱芜、淄博、青州、沂源等地有较丰富的海棠资源。用作苹果砧木的主要有6种共30多个类型。其分布主要集中在鲁中南的沂蒙山区和胶东的昆嵛山、烟台、牟平一带。莱芜、沂水、青州（旧称益都）和博山曾是山东省苹果砧木种子的重点产区。其后，由于种质资源不被重视，以及苹果品种的更新、产业化和集中化，许多砧木资源已经被砍伐，许多海棠品种已经消失殆尽。而随着国外培育的观赏海棠品种的引种热潮，现存的海棠资源迫切需要重新调查和保存。

（三）海棠的植物学特性

乔木，高可达8m；小枝粗壮，圆柱形，幼时具短柔毛，逐渐脱落，老时红褐色或紫褐色，无毛；冬芽卵形，先端渐尖，微被柔毛，紫色，有数枚外露鳞片。叶片椭圆形至长椭圆形，长5～8cm，宽2～3cm，先端短渐尖或圆钝，基部宽楔形或近圆形，边缘有紧贴细锯齿，有时部分近于全缘，幼嫩时上下两面具稀疏短柔毛，以后脱落，老叶无毛；叶柄长1.5～2cm，具短柔毛；托叶膜质，窄披针形，先端渐尖，全缘，内面具长柔毛。花序近伞形，有花4～6朵，花梗长2～3cm，具柔毛；苞片膜质，

海棠叶片

披针形，早落；花直径4～5cm；萼筒外面无毛或有白色茸毛；萼片三角卵形，先端急尖，全缘，外面无毛或偶有稀疏茸毛，内面密被白色绒毛，萼片比萼筒稍短；花瓣卵形，长2～2.5cm，宽1.5～2cm，基部有短爪，白色，在芽中呈粉红色；雄蕊20～25枚，花丝长短不等；花柱5，稀4，基部有白色茸毛，比雄蕊稍长。果实近球形，直径2cm，黄色，萼片宿存，基部不下陷，梗洼隆起；果梗细长，先端肥厚，长3～4cm。花期4～5月，果期8～9月。

（四）海棠文化

1. **海棠春睡** 据《海棠谱》转载《冷斋夜话》中的记载："上皇登沉香亭，召太真妃，于时卯醉未醒，命力士使侍儿扶掖而至，妃子醉颜残妆，鬓乱钗横，不能再拜，上皇笑曰，岂妃子醉，是海棠睡未足耳。"此典故代代流传，"海棠春睡"成为后代诗人、画家不断吟咏、描绘的题材。据说明代才子唐伯虎由此典故，画过一幅《海棠美人图》，《红楼梦》中对秦可卿房间摆设的描述中也提到过，"入房向壁上看时，有唐伯虎画的《海棠春睡图》"。后世的文学作品中常以"海棠春睡"代指杨玉环，以"贵妃睡未足"比喻海棠花的妖娆。后来随着咏海棠文学作品的传播与普及，发展为以美女喻海棠花。

2. **艳超红白外，香在有无间——海棠香否？** 民间传说海棠原来是有香味的，天庭庆贺西王母寿辰时，如来献了几盆奇花，养于广寒宫。一个玉女见了，十分喜欢，央求嫦娥送她一盆。不巧遇到王母，见状十分生气，将玉女和她手中的花一起打下凡间。这花正好落在一个老汉的园子里。老汉见一盆奇花从天而降，就招呼女儿海棠姑娘一块来接，他口中连喊："海棠！海棠！"姑娘走出门外，见老汉手中拿着一盆奇花，就问："这花也叫海棠？"老汉看手中不知名的花与女儿一样漂亮，就干脆叫它海棠花了。海棠从此在人间栽培，但香魂却已随风飘去了。

3. **一树梨花压海棠** 北宋词人张先80岁时娶了18岁女子为妻，好友苏轼做一首贺诗调侃："十八新娘八十郎，苍苍白发对红妆。鸳鸯被里成双夜，一树梨花压海棠。"

4. **梅聘海棠** "梅聘海棠"的说法，最早见于后唐冯贽编《云仙散录》所载《金城记》曰："黎举常云：'欲令梅聘海棠，枨子臣樱桃，以芥嫁笋，但恨时不同耳。'然牡丹、酴醿、杨梅、枇杷尽为执友。"

5. 海棠花 传说在很久以前，在密林深处住着父女两人，女儿名叫海棠，父女俩打猎为生，相依为命。一天，年方二八的海棠姑娘跟随父亲打猎，忽有一只恶虎张着血盆大口，带着呼呼的风声向父亲扑来，海棠姑娘为掩护父亲，挺身上前与虎相拼，无奈身单力薄，倒在了恶爪之下。山上砍柴、采药、放羊的乡亲们闻讯赶来，打跑猛虎，救下海棠姑娘，沿着这条三十余华里长的峡谷回村。一路上鲜血滴滴流淌，后来在滴散鲜血处开满了火红的山花。乡亲们为怀念海棠，将此花命名为海棠花。

二、济南珍珠泉海棠

（一）起源与分布

1. 地理位置 海棠位于济南珍珠泉省人大常委会机关院内，H=36m，E=117° 01.5450′，N=36° 40.0600′。济南市绿化委员会古树名木的编号为 "A1-0018"，在海棠树的东侧，立着一个石刻："宋海棠"。

2. 起源 本株海棠品种为西府海棠，相传为宋代大文学家曾巩亲手所栽。曾巩于北宋熙宁五年至六年（1072—1073）任齐州（济南）太守时，在珍珠泉畔建有别墅 "名士轩"，宋海棠为当年所留。根据后来园林专家们对它的考证和研究，认定为宋海棠，树龄约千年，这也为相传是曾巩手植提供了依据。因为历史久远，生长旺盛，所以被称为 "北方海棠之冠"，这也是省城济南千年古树中唯一的一棵海棠树。

3. 分布与生境 海棠园位于珍珠泉大院西北侧，为古典形式的二进院落。北靠濯缨湖，南北各为厅房，棕红柱，青砖瓦，白粉墙，前出厦，脊饰吻兽。民国时期，此处称 "珍珠精舍"，为省政府西花厅，是贵宾宴聚之处。曾遭战火焚毁，1954年重建，因院内宋海棠而名 "海棠园"。该地区属暖温带大陆性季风气候，季风明显，四季分明，冬冷夏热，雨量集中。土壤为褐土，土层深厚，质地适中，养分含量较丰富，保水保肥力强，适宜海棠生长。

海棠果

海棠花蕾

在2011年之前，这里曾与珍珠泉一样向市民开放游览。但随着海棠园北边的院落划为办公地点，海棠园不再向市民开放。

（二）植物学特性

据记载，这棵千年海棠高有7～8m，丛生的枝条簇拥着向四周发散，树叶茂盛浓密，树冠东西约有8m宽，整个树形如同一个大蘑菇，非常壮观。小乔木，叶长椭圆形，伞形总状花序，花形较大，4～7朵成簇向上，梨果球形，红色。花期4～5月，果期8～9月。

（三）保存现状

在济南珍珠泉省人大常委会机关院内较好保护起来，管护单位：省人大常委会机关。

三、潍坊青州上龙宫村海棠

（一）起源与分布

1. **地理位置**　海棠王位于潍坊青州市庙子镇上龙宫村，H=751m，E=116°05.8086′，N=37°00.3518′。

2. **起源**　具体起源不详，是2017年青州摄影爱好者，走进青州市庙子镇上龙宫村采风时发现原生态千年海棠古树群，罕见古树有100多棵，直径1m左右的约有50棵，山中千年古树揭开了神秘的面纱。

海棠古树

海棠花蕾

3. **分布与生境**　上龙宫村位于青州、临朐、淄川三县交界处，海拔高度为957m，是天然氧吧，避暑胜地。夏季温度在23℃左右，比青州城区低11℃左右。适宜海棠生长。目前由于新农村建设，很多古海棠树正在被砍伐，只有山上的还保留着。

（二）植物学特性

古海棠树均为落叶乔木，树高5.2～7.4m，冠幅东西14.6～15.9m，南北12.9～15.1m。树体高大，树姿开张，长势良好，能开花结果少。叶片椭圆形至长椭圆形，长5.2～6.1cm，宽2.1～2.7cm，先端短渐尖或圆钝，基部宽楔形或近圆形，边缘有紧贴细锯齿。叶柄长1.5～2cm，具短柔毛。花序近伞形，有花4～6朵，花梗长2.1～2.8cm，具柔毛。花白色，在芽中呈粉红色，花瓣卵形，长2.1～2.5cm，宽1.5～1.9cm。在山上疏于管理，花期4～5月，果期8～9月。

（三）保存现状

在潍坊青州市庙子镇上龙宫村中较好保护起来，管护单位：上龙宫村村委会。

海棠枝叶

青州海棠谷

四、日照东港区政府海棠

（一）起源与分布

1.**地理位置**　海棠位于日照东港区政府院内。H=35m，E=119°27.7052′，N=35°25.5686′。

2.**起源**　据记载，海棠植于清康熙年间，当时主政者从济南珍珠泉或泰安移植而来。具体位置是在县衙二堂之后、三堂之前，树龄约350年。我国著名的海棠专家、北京林业大学园林学院高亦珂教授，

海棠古树

2015年4月15日看到后说，此湖北海棠从树龄、树势、开花三方面来说是全国第一，国家级保护的古树名木。

3.分布与生境　东港区依山傍海，山、海、天融为一体，风景秀丽，气候宜人，属暖温带湿润季风气候，冬无严寒、夏无酷暑，冬季平均气温在0℃以上，夏季平均气温25℃，年平均气温12.6℃。东港区政府院内有专人看管维护海棠，及时防治病虫害，海棠能较好地生长。

（二）植物学特性

东港区海棠是湖北海棠，属蔷薇科苹果属落叶乔木。树姿开张，树体高大，高13.2m，冠幅东西12.4m，南北10.6m，长势良好，能开花结果。叶片椭圆形至长椭圆形，长5.2cm，宽2.8cm，先端短渐尖或圆钝，基部宽楔形或近圆形，边缘有紧贴细锯齿。叶柄长1.5cm，具短柔毛。花序近伞形，有花4～6朵，花梗长1.9cm，具柔毛。花白色，在芽中呈粉红色，花瓣卵形，长2.1cm，宽1.6cm。果实椭圆形，直径1.2cm，黄绿色稍带红晕，萼片脱落，果梗长2.7cm。花期4～5月，果期8～9月。

（三）保存现状

在日照东港区政府院内较好保护起来，管护单位：日照东港区政府。

海棠花

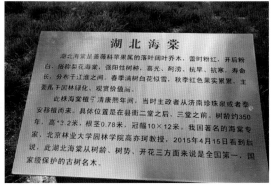
海棠由来简介

第三节　山　楂

一、概　述

（一）山楂的价值

山楂（*Crataegus pinnatifida* Bunge），又名山里果、山里红，蔷薇科山楂属，落

叶乔木。在山东、陕西、山西、河南、江苏、浙江、辽宁、吉林、黑龙江、内蒙古、河北等地均有分布。核果类水果，核质硬，果肉薄，味微酸涩。果可生吃或做果脯果糕，干制后可入药，是中国特有的药果兼用树种。山楂果实含有丰富的营养物质，是"药食同用"的上等补品，特别是维生素C、黄酮类化合物等含量高，并含有人体所需的多种

山楂古树

矿物质营养元素，具有消食健胃、消炎止咳、降血压、降血脂、增进冠状动脉血流量和防治冠心病、心绞痛等功效，经常食用有益人体健康。山楂内的黄酮类化合物牡荆素，是一种抗癌作用较强的药物，其提取物对抑制体内癌细胞生长、增殖和浸润转移均有一定的作用。山楂经济价值高，近年果实市场售价达5元/kg左右，每667m^{2}收益达10 000元，山楂的栽培已成为山楂栽培区农民致富的重要支柱产业。

山楂按照其口味分为酸甜两种，其中酸山楂最为流行。甜口山楂外表呈粉红色，个头较小，表面光滑，食之略有甜味。酸口山楂分为歪把红、大金星、大绵球和普通山楂几个品种（最早的山楂品种）。歪把红，顾名思义在其果柄处略有凸起，看起来像是果柄歪斜故而得名，单果比正常山楂大，在市场上的冰糖葫芦主要用它作为原料。大金星，单果比歪把红要大一些，成熟果实上有小点，故得名大金星，口味最重，属于特别酸的一种。大绵球，单果个头最大，成熟时候既是软绵绵的，酸度适中，食用时基本不做加工，保存期短。普通山楂，山楂最早的品种，个头小，果肉较硬，适合入药，市场上山楂罐头的主要原料。

（二）起源与发展现状

山楂是深受广大群众欢迎的传统果树，数千年前我国就有栽培利用。特别是在以前医疗水平低下、缺医少药的情况下，山楂起了重要作用。在古代文献《诗经》《齐民要术》《农桑辑要》中都有关于山楂栽培管理和品种资源的记载。在明代李时珍的《本草纲目》中对其医疗保健作用更有较详细的记载。

山楂古树群

山楂果实

据有关史料考证,我国大面积栽培山楂较早的地区是山东。山西栽培较早的是晋城市郊洲区陈沟乡柏洋坪村,河南较早的是辉县后庄乡码沟村;而山西、河南的山楂均源于山东。以上诸地区,目前还保存有近300年生的山楂树,虽已枝干不全,但仍结果累累。山东菏泽及河南黄河故道地区,历史上均曾大面积栽培山楂。河北承德地区、辽宁辽阳等地,均为较古老的山楂产区。

在抗日战争时期、1958年前后至20世纪60年代初期、文化大革命时期,山楂栽培面积和产量都曾大幅度减少,特别是平原地区,几乎绝迹。江苏省宿迁市年产山楂曾接近200万kg,其加工品曾在1929年的巴拿马博览会上获金质奖章。河南黄河故道地区的兰考县,1957年以前栽培数量最多的果树就是山楂。经过几次大的损失,至70年代中期,上述地区仅在房前屋后零星植株。

20世纪80年代以来,随着人们生活水平的提高和医疗保健事业的发展及农村生产结构的调整,我国的山楂产业受到广泛重视,山楂果实及其加工品成了市场紧俏货。集中产地为山东、河北、辽宁、河南和山西等地。

山东山楂种质资源丰富,是我国山楂的主要栽培区。在20世纪80年代,农业部选定的7个全国山楂基地县,山东省就占2个(平邑县、临朐县)。山东山楂主要分布在沂、蒙、尼山的山丘地带,由于长期的实生变异、自然杂交等形成数十个各具特色的品种类型,是北方山楂一些优良品种的发源地。国家果树种质山楂圃保存有临沂大金星及平邑歪把红、五棱红、甜红子、超金星等山东地方优良品种。

(三)山楂的植物学特性

落叶稀半常绿灌木或小乔木,高达6m。树冠圆整,球形或伞形。小枝紫褐色,无刺或有短刺。冬芽卵形或近圆形。单叶互生,有锯齿,深裂或浅裂,稀不裂,有叶柄与托叶。叶片宽卵形至三角状卵形,长5～10cm,宽4.5～7.5cm,叶缘两侧通常有3～5对羽状浅裂或深裂,有不规则重锯齿;托叶半圆形或镰刀形。伞房花序,直径4～6cm,极少单生;萼筒钟状,萼片5;花瓣5,白色,径约1.5cm,极少数粉红色;花瓣倒卵形或圆形。雄蕊5～25枚;心皮1～5,大部分与花托合生,仅先端和腹面分离,子房下位至半下位,每室具2胚珠,其中1个常不发育。梨果,先端有宿存萼片;心皮熟时为骨质,呈小核状,各具1种子;种子直立,扁,子叶平凸。果实近球形,红色

或橙红色，径1～1.5cm，表面有白色或绿褐色皮
孔点。花期4～6月；果10月成熟。

（四）山东山楂文化

山楂花

相传山东境内有座驼山，山脚下有位
姑娘叫石榴。她美丽多情，早就爱上了一
位名叫白荆的小伙，两人同住一山下，共饮
一溪水，情深意厚。不幸的是，石榴的美貌惊
动了皇帝，官府来人抢走了她并逼迫其为妃。石
榴宁死不从，骗皇帝要为母守孝一百天。皇帝无
奈，只好找一幽静院落让其独居。石榴被抢走以后，白荆追至南山，日夜伫立山巅守
望，日久竟化为一棵小树。石榴逃离皇宫寻找到白荆的化身，悲痛欲绝，扑上去泪下
如雨。悲伤的石榴也幻化为树，并结出鲜亮的小红果，人们叫它"石榴"。皇帝闻讯命
人砍树，并下令不准叫"石榴"，叫"山渣"，意为山中渣滓，但人们喜爱刚强的石榴，
即称她为"山楂"。

冰糖葫芦：那是南宋绍熙年间，宋光宗最宠爱的皇贵妃得了怪病，她突然变得面
黄肌瘦、不思饮食。御医用了许多贵重药品，都不见效。眼见贵妃一日日病重起来，
皇帝无奈，只好张榜招医。一位江湖郎中揭榜进宫，他在为贵妃诊脉后说："只要将
'棠球子'（即山楂）与红糖煎熬，每饭前吃5～10枚，半月后病准会好"。贵妃按此方
服用后，果然如期病愈了。于是龙颜大悦，命人如法炮制。后来，这酸脆香甜的山楂
传到民间，老百姓又把它串起来卖，就成了冰糖葫芦。

二、烟台莱西沽河街道办事处山楂

（一）起源及分布

1. **地理位置**　莱西市沽河街道办事处西张家寨子村。H=41m，E=120°22.7367′，
N=36°45.8308′。

2. **起源**　园内种植山楂树130多万m²，其中百年以上山楂古树有1 200余棵，平
均树高8.7m，胸围1.65m，冠幅10.9m×8.2m，属国家三级古树，是目前莱西市最大
的古山楂树群。据村民介绍，古山楂树品种以大金星为主。山楂树产量很大，一棵
树产果25～40kg。在这些古山楂群中，年龄最大的山楂树已经900多岁，据村民介
绍，这棵"镇园之宝"，树冠铺开可达70余m²，经适当修剪这棵树每年产果还不低
于30kg。

3. **分布及生境**　莱西，位于胶东半岛中部，地貌类型可分为低山、丘陵、平原、

山楂古树群

洼地4种：北部为低山丘陵，中部为缓岗平原，南部为碟形洼地。境内气候为温带季风型大陆性气候，四季变化和季风进退都比较明显。莱西市境内，土壤以棕壤土为主，土层深厚，保肥蓄水能力较强；其次为砂姜黑土，地下水位浅，水源丰富。这种水源丰富、土质肥沃的地理条件，极其适合山楂树生长。

（二）植物学特性

蔷薇科，山楂属山楂的变种，落叶乔木，植株生长茂盛。高达6m，树皮粗糙，小枝圆柱形，冬芽三角卵形，紫色。叶片宽卵形或三角状卵形，稀菱状卵形，叶片大，分裂较浅；裂片卵状披针形或带形，托叶草质，边缘有锯齿。伞房花序具多花，苞片膜质，线状披针形，萼筒钟状，花瓣倒卵形或近圆形，白色；花药粉红色；果实近球形或梨形，深红色，有浅色斑点；花期5～6月，果期9～10月。

（三）保存现状

古树群生长于青岛莱西市沽河街道办事处西张家寨子村山楂采摘园内，水肥管理条件良好，每年产量都很大，一棵树产果从25～40kg不等。

古山楂树

山楂果

（四）文化价值

山楂在莱西曾有过辉煌的栽培史，1985年莱西山楂总产量以243.5万kg，占山东省第二位；山楂单株最高产量908kg，均居全国第一。西张家寨子村千亩采摘园区内果品资源丰富，道路通畅，特别适合采摘观光。山楂可以做成冰糖葫芦，不仅是老少皆宜的美食，而且还有一个有趣的传说。据说在南宋绍熙年间，宋光宗的宠妃得了怪病，面黄肌瘦，不爱吃东西。御医用了很多的贵重的药品，仍不起作用。贵妃一天天病重，皇帝无奈，就张榜招医。一个江湖郎中揭了榜，为贵妃诊脉后说，用"棠球子"（山楂）加上红糖煎熬，在饭前吃上5～10枚，半个月病就会好。贵妃服用后，果然痊愈。皇帝十分高兴，就将山楂按照这个方法制酸脆香甜的美食，后来传到了民间，就成了人见人爱的冰糖葫芦。

三、潍坊临朐宫家庄山楂

（一）起源及分布

1. **地理位置**　该树生长于临朐寺头镇宫家庄。H=256m，E=118°26.8219′，N=36°22.3579′。

2. **起源**　古树群生长于临朐县山楂现代农业产业园，树龄百余年。果农们秉承祖上传统，加以新兴的绿色食品标准管理山楂园，山楂古树大多都枝繁叶茂，产量可观，其中最大的一棵，主干粗大，成人也难以双臂合抱，树冠覆地近半亩，年产鲜果近千斤。

3. **分布及生境**　寺头山楂种植基地多分布在以下区域内，其海拔在200～400m，年均降水量690mm，年平均气温12.4℃，80%的保证率积温，无霜期191d，早晨升温快，晚上降温快，昼夜温差大，形成了半湿润温凉农业气候区，光照资源比较丰富，年日照时数为2 558h。这就促成了寺头山楂个头大，红色足，甜酸适口，营养丰富的特有品质。寺头山楂种植区域内成土岩石有花岗石、石灰岩、片麻

山楂花

岩、玄武岩、砂砾岩等，岩石风化较好，土层下多有疏松母质。山楂种植基地土体类型以棕壤为主，土质多为沙壤土，土层厚，颗粒粗润疏松，空隙大，通透性好。土壤和灌溉水中富含钾、氮、磷等大量元素和镁、钙、铁等微量元素。良好的土壤类型和结构特点以及丰富的土壤养分满足了山楂树体及果实生长的需要，有利于寺头山楂优质特性的形成。

（二）植物学特性

落叶乔木，植株生长茂盛，高达6m，树皮粗糙。叶片宽卵形或三角状卵形，稀菱状卵形，叶片大，分裂较浅。伞房花序具多花，萼筒钟状，白色。果实近球形或梨形，

深红色，有浅色斑点；果实近球形或梨形，果形较大，深亮红色，有浅色斑点；小核外面稍具棱，内面两侧平滑。花期5～6月，果期9～10月。

（三）保存现状

山楂已经分片到户，由村民具体管护，管护良好，但基本无古树名木保护牌。

山楂树群

山楂叶

（四）文化价值

寺头山楂，古称红果，因果实呈大红色得名，当地人称大石榴，又名山里红。种植始于清康熙年间，主要品种是敞口和大金星，与其他山楂相比具有果实个头大、果色大红艳丽、果面全红光滑、果点均匀、金点闪烁、外观漂亮的特点。寺头山楂先后通过绿色食品认证、中国地理标志证明商标认证、有机食品认证；2015年寺头山楂品牌——"相亮山楂"荣获"山东省著名商标"称号，并被山东省农业厅评为山东省农业标准化生产基地。

寺头山楂或生食、或加工、或入药，"桃花植片"是传统的出口畅销产品。中医以山楂入药，始见于唐代，《新修本草》载其味甘酸性微温，入脾、胃、肝三经，可消食化积，活血化瘀，主治肉食积滞、脘腹胀满、腹疼泻泄以及产后瘀血引起的小腹痛、疝气偏坠、胀痛等症。

传说古时有家农户的少年，继母待其刻薄，趁丈夫外出，逼少年干农活重活，休息时吃的饭菜也是半生不熟，不久少年发生了严重的胃病，适逢山上山楂成熟，少年每天食之，不久病愈，山楂可治胃病从此传开。

四、临沂平邑天宝山上炭沟山楂

（一）起源及分布

1. 地理位置　该山楂古树生长于临沂平邑地方镇天宝山上炭沟。H=272m，

E=117°46.7816′，N=35°18.0572′。

2.**起源**　沂蒙大绵球，母树在临沂平邑县天宝山上炭沟，树龄约百年。据《临沂果茶志》记载，地方镇天宝山山楂从清康熙年间就有栽植。近年来相继获得农业部认证的无公害农产品证书、中国农产品地理标志认证以及中国地理标志商标。

古山楂树

3.**分布及生境**　天宝山区为丘陵山地，山体由片麻岩形成，土壤以棕壤土（70%）和褐土为主，生长期的水土保持和耕作，使土壤土层深厚，土质疏松。山上茂盛的松柏，涵养了水源，两山中间的地下水源也较为丰富，保水、保肥性能好非常适合山楂生长。

（二）植物学特性

落叶乔木，半野生，高约5m，树冠10m。果实扁圆形，单果重14.5g，直径2～2.5cm，红色至深红色，有浅色斑点；果皮薄，果肉深黄或浅黄，质松软，酸甜适中，风味好，含总糖10.1%，总酸3.66%，可食率83.1%，出干率31%。9月中旬果实成熟。

（三）保存现状

自然生长于天宝山丘陵山地上，山地生境保水、保肥性能好非常适合山楂生长。每年每株结果可达150kg。

山楂果

古山楂树群

（四）文化价值

天宝山，因清咸宁年间，有村民在此构筑山寨，防贼侵扰，获得平安，似有天助，取名曰天保山，后谐音改为天宝山。据《临沂果茶志》记载，地方镇天宝山山楂从清康熙年间就有栽植，以其树势强健、果实个大、色泽鲜艳、耐贮藏、适于加工而驰名。据《平邑县志》记载，明清时期天宝山陆续种植山楂，有些保存上百年的老山楂树，年均产量仍可达150kg。近年来相继获得农业部认证的无公害农产品证书、中国地理标志农产品认证以及中国地理标志证明商标。全镇大绵球、甜红子等山楂年产量可达12万t。2015年，中国农产品区域公用品牌价值评估，"天宝山山楂"品牌价值5.84亿元。

五、临沂平邑天宝山新华村山楂

（一）起源及分布

1. **地理位置**　该树生长于临沂平邑县地方镇天宝山新华村梓椤沟。H=256m，E=117°45.8849′，N=35°18.9537′。

2. **起源**　该树生长于临沂平邑县地方镇天宝山新华村梓椤沟，为优良品种平邑歪把红的母树，树龄近百年。果大耐贮，兼能制干供药用，因果梗部歪斜呈肉瘤状而得名，山东省主栽品种之一，国家果树种质山楂圃选入保存，辽宁等省也有栽培。

3. **分布及生境**　新华村位于风光秀丽的天宝山下，属于温带季风型大陆性气候，天宝山景区是山东省四大著名果品产区之一。天宝山山体由片麻岩形成，东西两面悬崖陡峭，南北与其他山峰相接，峰顶平坦宽广，方圆近3km²，海拔541m。山上苍松翠柏遍布，林木茂密，地下水源较丰富，土壤以棕壤土为主，这种地理条件决定了此处水源涵养丰富，土壤水分和养分保持性良好，适于山楂古树逐年稳定结果生长。

（二）植物学特性

落叶乔木，树高6m，树冠12.3m，树皮粗糙，暗灰色或灰褐色；当年生枝紫褐色，

山楂果

山楂花

无毛或近于无毛，疏生皮孔，老枝灰褐色。果皮鲜红色，有光泽，蜡质较厚，果稀且较大，果肉乳白色，肉质细密软绵，味酸爽口，总糖7.52%，总酸2.18%，可溶性固形物14.5%，果实10月上中旬成熟，耐贮性好。树冠紧凑，萌芽率和成枝力均极强，适应性强。

（三）保存现状

此树自然生长于山楂产区内，土壤水分和养分保持性良好，适于山楂古树逐年稳定结果生长。

（四）文化价值

天宝山原名天保山，意为"天保平安"。据《临沂果茶志》记载，天宝山的山楂种植史，可以追溯至明清时期，当地仍可见不少生长过百年的山楂树。在天宝山的地界上，民间流传着一个关于朱元璋吃山楂、坐龙椅的古老传说。传说中的龙椅就是一块天然形成的大石头，龙椅边上就是一个官帽，后面是太妃石。传说朱元璋幼时随姐姐逃荒，从安徽凤阳来到蒙山腹地，最后投奔到天宝山舅舅家。姐姐嫁给当地人家后悉心照顾朱元璋，并供他读书，朱元璋天资聪慧，进步飞快。有一年，朱元璋和小伙伴们在天宝山上放牛，突然天降大雪，大雪封山，人不能行，连续多日。朱元璋提议大家摘树上的山楂充饥，后来发现身边有一块大石头，于是和小伙伴们玩起坐"龙椅"的游戏。只见小伙伴们坐上"龙椅"不是屁股疼痛难忍，就是鼻子流血，轮到朱元璋时，却能稳稳就座，一派帝王风范，小伙伴们纷纷称奇，由衷信服。多日后，大雪融化，朱元璋带领伙伴将吃完的山楂核洒向山顶，霎时山摇地动，遍地长满了山楂树。后来朱元璋在南京当了皇帝，但他没有忘记天宝山的小伙伴们，于是下令天下：凡是在天宝山坐过龙椅的人来南京，一律封官；天宝山地界的苛捐杂税全免；天宝山的山楂美味红艳，贵为上等山楂。

古山楂树

山楂树群

六、临沂平邑大圣堂村山楂

（一）起源及分布

1.地理位置　该树生长于临沂平邑铜石镇大圣堂村。H=165m，E=117°44.5605′，N=35°21.8770′。

2.起源　大圣堂村紧邻吴王崮。吴王崮周边盛产山楂，清代时期就陆续种植，堪称当地一绝，不仅个大，而且口感色泽俱无双，且耐贮存、远销全国各地，是当地居民的主要经济来源。此树长于山楂盛产区的大圣堂村，树龄百年以上。现已被作为古树名木保护起来。

古树名木牌

3.分布及生境　吴王崮，又名盘龙山，山体为沉积岩结构，上层覆盖厚层石灰岩。吴王崮山上风光秀丽，景色宜人，有多处山洞峭壁林立，松涛阵阵。东有天宝梨乡，西靠昌里水库，北望蒙山崇岭，南守观音山景区。山下的大圣堂村保持了原生态农业，没有任何工业污染。古山楂树生长良好。

（二）植物学特性

落叶乔木。树高5.2m，树冠8m。树皮粗糙，暗灰色或灰褐色，有枝状刺；叶宽卵形或三角状卵形，边缘有粗锯齿；伞房花序，多花，总梗及花梗均有毛，花瓣白色、雄蕊20枚，花柱3～5个，基部有柔毛；果实近球形，深红色，有黄色斑点，萼片宿存，果实大，平均果重10.50g左右；果皮鲜红色，肉质细软，果点呈黄褐色，纵径约28.5cm，横径约2.9cm，扁圆形，果柄基部一侧有肉瘤凸出，果皮表面有光泽，果点稀疏，果皮厚，肉质硬，酸味轻，可食率87.40%。总糖10.14%，总酸2.57%，果胶6.47%。树势旺盛，树枝粗大。由于其本身特性，适合加工制作成片。花期，5～6月，果

古山楂树

期9～10月。

（三）保存现状

此树被铜石镇人民政府挂牌作为古树名木保护起来。监护单位：铜石镇林业站。古树编号：0042。

（四）文化价值

大圣堂即灵泉观，是元代时期在灵泉前创修的道观，现遗址尚存。灵泉从吴王崮下流过，山泉常年流水，即使遇大旱天气，水流也照常。泉水清澈、甘甜、适合饮用。大圣堂村紧邻吴王崮，吴王崮为山楂盛产区，周围分布有张家棚、平顶山、大圣堂等十余个村庄，以种植山楂为主，其中的张家棚村更被誉为"沂蒙山楂第一村"。

吴王崮，因相传春秋时期吴王伐鲁时曾驻军于此而得名；又名盘龙山，像一条蜿蜒的巨龙盘踞。吴王崮山上风光秀丽，景色宜人，有多处山洞峭壁林立，松涛阵阵。山上多被茂密的松林覆盖。附近的村落轿车山村和大圣堂村等是开发中的原生态农家休闲度假村，没有任何工业污染。每年春天都有举行盛大的梨花会，梨花、山楂花灯满山遍野，是人们休闲度假的好去处。

山楂叶

七、临沂平邑丹阳村山楂

（一）起源及分布

1.地理位置　该树生长于临沂平邑铜石镇丹阳村（麻窝村）。H=195m，E=117°44.7075′，N=35°21.7728′。

2.起源　平邑地区栽培山楂历史悠久，是山东著名的山楂产地。铜石镇丹阳村（麻窝村）位于平邑县城东南部，耸立着一棵树龄百年的古山楂树，它是当地优良品种面红子的母株。经它选育出的优良品种面红子，树势中强，萌芽率和成枝力中等，结果母枝可连续结果3～5年，每花序可坐果7个，抗旱、抗白粉病。属优良的鲜食和加工兼用品种。

3.分布及生境　铜石镇位于平邑县城东南部，北依巍峨蒙山，位于浚河与蓝河交汇处，村内三面山一面水，是山东省著名的山楂产地。因境内富有黄金、铁矿等资源，得其地名铜石，素有"沂蒙黄金第一镇"的美称。南部山区的彭泉流域、麻窝流域和

古山楂树1

张里流域林果覆盖率达80%，拥有"亚洲第一果园"美称，已成为闻名全国的绿色生态农业区。山楂、黄梨等果品总产量达5万t。

（二）植物学特性

落叶乔木，树高5.5m，树冠11.5m。树皮粗糙，暗灰色或灰褐色，有枝状刺；叶宽卵形或三角状卵形，边缘有粗锯齿；伞房花序，多花，花瓣白色，花柱3～5个，基部有柔毛；果实近球形，深红色，有黄色斑点，萼片宿存，花期5～6月，果期9～10月。

（三）保存现状

因生长于山楂著名产区，且为优良株系选育来源的母株，该树生长于种植区的山楂树林中，肥水条件良好，常规土壤和水肥管理条件下正常生长。每年可正常结果，产量超过150kg。

（四）文化价值

丹阳村因北面有大小两座丹山，故称丹阳。丹山与杨二郎担山的传说有关，故又称担山。据传说，远古时期，天上有9个太阳，二郎神奉玉皇大帝之命，挑着两担女娲娘娘为补天所炼的五色巨石，逐个去镇压太阳，剩下最后一个太阳时，观音菩萨现身，将二郎神所担的两担巨石化为两座山，矗立在蓝河两岸，人们称之为担山。山上石头多为赭红色，久而久之，人们又称其为丹山。这两座山在蓝河岸边的平滩上，像

古山楂树2

山楂幼果

石笋拔地而起，如天外飞来，虽不高大却有千丈之势。周围环境优美生态自然，恰似《桃花源记》《小石潭记》中的情景再现。山似奇石，水似圣水；湖中有岛，岛外环湖；采北国之风光，得江南之秀丽；物产丰饶，民风淳朴，是寄情山水，休闲度假，令人神往的仙境。

在丹山附近逐渐形成一个村庄，名叫麻窝，其名字的由来和一麻窝（麻雀窝）大小的金窝有关。麻窝村位于"沂蒙黄金第一镇"铜石镇。据传说，麻窝村四面环山，山涧溪流湍急，流经的某块岩石上有一个石窝，其中蓄满了清亮亮黄澄澄的黄金砂，将黄金砂全部取出后，三日后仍可见黄色，月尽则窝满。"麻（雀）窝是金窝"的秘密越传越远，慕名来淘沙的人只知麻窝，不知丹阳，本村人干脆将村名改为麻窝村。

八、潍坊青州桃花山山楂

（一）起源及分布

1. **地理位置**　该树生长于王坟镇桃花山上稍村、腰庄村一带。H=301m，E=118°24.6112′，N=36°31.0920′。

2. **起源**　据青州府志记载，当地山楂栽培历史距今已有500多年。此树龄百余年。王坟镇被誉为"中国山楂制品第一镇"，山楂果品种植和加工业是王坟镇的特色支柱产业。

3. **分布及生境**　青州市地处鲁中山区沂山山脉北麓和鲁北平原沿接地带，地势西南高东北低，西南部为石灰岩山区，是鲁中南台隆的一部分。地貌类型主要有低山丘陵、河谷阶地、山前平原3种类型，由南到北依次排列。青州市处于暖温带半湿润季风气候区，气候温和，四季分明，冬季寒冷干燥，夏季炎热多雨，春秋温暖适中。多年平均降水量为664mm，其中西南山区为697.6mm，北部平原为638.9mm，干旱指数为2.24。

山楂花

（二）植物学特性

蔷薇科落叶乔木，树皮暗灰色，有浅黄色皮孔，伞房花序，花白色，后期变粉红色，果实球形，熟后深红色，表面具淡色小斑点。花期5～6个月，果期7～10月。青州敞口山楂是大山楂中品质最好的品种之一。据青州府志记载，当地山楂栽培历史已有500多年。敞口山楂树势强壮，树姿开张，树冠紧凑，为自然半圆头形。果实扁圆形，果皮涂红，果点黄白色，密集，果皮较粗糙，无光泽，因萼筒大而深，萼片开张而成"敞口"。青州敞口山楂维生素含量高，其色、香、味、形俱佳，以营养丰富、味美香甜、耐贮运的特点备受消费者喜爱，出口已有百余年历史。

（三）保存现状

此树生长于桃花山上，山上林木茂密，水土保持性好，古山楂树易于生长。

（四）文化价值

腰庄、上稍村一带三面环山，在青州市王坟镇，上稍村是一个尽头村。相传春秋时期就有人在这里定居，因处大峪溜之稍而得名。桃花山以花得名，它本来只是一座籍籍无名的小山，既无高大挺拔的身躯，也无宏大深邃的气象，唯一能吸引人们眼球的，就是山坡上这些具有传奇色彩的桃花了。桃花山山势平缓浑圆，线条淡雅柔和，背后是高耸入云的薄山，两座山一高一矮、一远一近、浓淡相宜。

据青州府志记载，当地山楂栽培历史距今已有500多年。敞口山楂是青州市山区的主要果树之一。其果实之大，品质之优，产量之高，在山东省内数一数二，在全国也名列前茅。青州敞口山楂抗旱、抗寒、耐瘠薄、单株产量高。其产品维生素含量高，其色、香、味、形俱佳，以营养丰富、味美香甜、耐贮运的特点备受消费者青睐，特别受日本、韩国客商欢迎，其产业化开发前景十分广阔。山东青州敞口山楂为地理标志保护产品。

山楂林

山楂叶

九、临沂费县核桃峪山楂

（一）起源及分布

1.地理位置　该树生长于费县马庄镇核桃峪英家林。H=194m，E=117°58.3672′，

N=35°11.2360′。

2. **起源**　该树种植年限不祥，据村民说有130年以上。

3. **分布及生境**　核桃峪地处费县马庄镇芍药山万亩核桃园旅游区的英家林，全村以种植核桃为主，零星种植杏、山楂，百年以上的古山楂树也有数十棵。马庄镇在尼山山脉腹地，属青石山区，涑河河流自西向东穿过本镇，是费县最早的七个建制镇之一。

（二）植物学特性

薔薇科落叶乔木，树皮暗灰色，有浅黄色皮孔，伞房花序，花白色，后期变粉红色，果实球形，熟后深红色，表面具淡色小斑点。花期5～6个月，果期7～10月。费县栽培山楂历史悠久，据《费县志》记载，明清时期，山楂已是该县重要"果属"之一。但是品种不好，俗名"山里红"。个头小、核大、味酸，非口淡者不思得，常为老人、孕妇、病者枕边物。

古山楂树

（三）保存现状

古山楂树现在均已经分产到户，由村民具体管护，保存现状良好。

（四）文化价值

相传远古时期在山东费县境内的塔山下，住着一位眉清目秀、勤劳贤淑的姑娘，名叫石榴，茂密的森林、雄奇的山峰造就了姑娘楚楚动人、多愁善感的性格，她悄悄地爱上了一位名叫白荆的小伙子，此人虎背熊腰、老实本分，两人同住一山下，共饮一溪水，情深意长，心心相印，共同耕耘着甜蜜的爱情。

天有不测风云，石榴沉鱼落雁的美貌惊动了皇帝，官府派人抢走了她并逼迫其为妃。石榴忠贞不渝，宁死不屈，骗皇帝要为驾鹤西去的母亲守孝一百天，伺机出逃。皇帝无奈，怜香惜玉，只好安排一处幽静的院落让其独居，将其软禁。

山楂花

石榴被抢走以后，悲愤的白荆追至葫芦崖，面对生杀予夺的官府无可奈何，只能以泪洗面，并且日夜伫立在山巅守望，茶水不思，日久竟化为一棵小树。石榴逃离皇宫后寻找到白荆的化身，怀抱着昔日恩爱有加的丈夫，她的心碎了，悲痛欲绝，叫天天不应，喊地地不灵。悲伤的石榴也幻化为一棵小树，并结出鲜艳明亮的小红果，人们为了怀念她便叫它"石榴"。皇帝得知此事后气急败坏，命人把树砍掉，并下令不准叫"石榴"，而叫"山渣"，意为山中渣滓，但人们敬佩意志刚强、爱情忠贞的石榴，以后便称她为"山楂"。

山楂树干　　　　　　　　　　　　　　　山楂叶

第四节　木　瓜

一、概　述

（一）木瓜的价值

木瓜为常用中药，《名医别录》列为中品，现商品分川木瓜、云木瓜、山木瓜3种。习惯认为川木瓜品质较好。而作为水果食用的木瓜实际是番木瓜，其原产美洲。作为原产我国的木瓜富含皂苷、苹果酸、酒石酸、柠檬酸、维生素和鞣质等，其功效利于平肝、舒筋、和脾、化湿，主治湿痹、脚气、霍乱、吐泻、腹痛和

木瓜古树

转筋等。可临床作为治疗由暑湿引起的筋病的常用药。

木瓜鲜果中含有较多的单宁和有机酸，糖含量相对较低，使其口感酸涩，不宜生食。但其果实营养丰富，富含维生素。木瓜中酸类成分包括苹果酸、枸橼酸、酒石酸等，这些有机酸都具有纯正的酸味，经过适当稀释并辅以一定的甜味剂如蔗糖或蜂蜜后，可制成风味独特的产品。

木瓜保健功能明显，以木瓜为原料，现已开发成功上市的产品主要有木瓜果汁饮料、木瓜蜜饯、木瓜果酒、木瓜果醋等。现正研究开发从木瓜中提取超氧化物歧化酶（SOD）抗衰老制剂、木瓜复合抗氧化精华素（保健食品）、现代木瓜单味中药浓缩颗粒、低温真空干制木瓜饮片、木瓜蜜液泡腾片。木瓜果粉等类型的食品初试和中试均已获得成功，不久即可投入生产。木瓜果实加工产品也可用作化工、化妆品原料及饲料或添加剂。美容产品木瓜白肤香皂、香花雨木瓜白肤洗面奶、木瓜牛奶白肤沐浴露、木瓜白肤护手霜、提取木瓜复合抗氧化精华素等，这些产品在北美和欧洲市场非常受欢迎，前景广阔。

木瓜还由于树姿优美，花簇集中，花量大，花色美，常被作为观赏树种，还可做嫁接海棠的砧木，或作为盆景在庭院或园林中栽培，具有城市绿化和园林造景功能。

（二）起源及发展现状

木瓜是蔷薇科（Rosaeeae）木瓜属（*Chaenomeles* Lindl）植物，共有5个种，分别为木瓜、贴梗海棠、木瓜海棠、西藏木瓜和倭海棠。我国是木瓜属植物的起源和分布中心，除了倭海棠原产自日本以外，其他4个种均产于我国，该属在我国分布广泛，东至辽东、浙江，西至新疆、西藏，南至云贵、广西，北至陕甘、河北均有野生分布或栽培。

我国木瓜属植物有3 000多年的栽培历史，《诗经·卫风》中即有相关记载，"投我以木瓜，报之以琼琚。匪报也，永以为好也！投我以木桃，报之以琼瑶。匪报也，永以为好也！……"《齐民要术》中则有"木瓜，种子及栽皆得，压枝也有，栽种与李同"的记载；明清以后关于该属植物的记载更多。尽管这些关于木瓜属植物的记载很多，但由于历史的局限性，古人对木瓜品种缺乏详细调查和记载，更谈不上理论探讨和系统研究。国内关于该属植物的品种分类研究始于20世纪90年代。目前，关于木瓜品种调查的记载，由于分类标准(分类性状、鉴定标准)不统一、未考虑环境条件的影响等因素，加上分类的辅

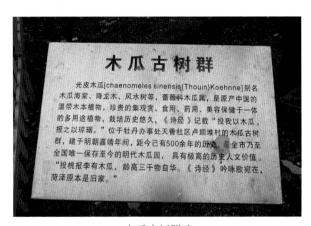

木瓜古树群碑

木瓜树群

助手段应用较少，已记载的品种中存在品种起源和演化不清、品种记载混乱、命名不规范等一系列问题，尚需进一步进行系统整理。

山东是木瓜属植物的主要栽培区之一，其中尤以菏泽的光皮木瓜（即木瓜）和临沂的沂州木瓜最为著名，栽培历史长，栽培面积也较大。根据《山东省果树志》记载，"曹州（光皮）木瓜栽植于明代中期，发展于清代末年，距今已有500余年的历史，为当地远近闻名的特色树种，因菏泽古称曹州，故简称曹州木瓜。早在明代时期就已驰名中外，为历代进献之贡品。曹州木瓜又名木李、木梨等，为多年生落叶小乔木，以果实个大、色泽金黄、形态端庄、表皮光滑、香味浓郁而闻名于世，是山东菏泽的传统名特产之一，目前菏泽的主要栽培品种有豆青、玉兰、细皮子、粗皮剩花、细皮剩花等。曹州木瓜的树干、叶、花、果均可观赏，是难得的园林绿地植物素材。其果实除极具观赏价值外，还含有苹果酸、酒石酸、柠檬酸及多种维生素，虽不宜生食但可加工成木瓜糕、木瓜酒、木瓜饮料等多种保健食品；木瓜果亦是名贵的中药材，入药具有益肝、调胃、健脾、舒筋活血、预防心血管疾病等功效，因此曹州木瓜是集观赏、食用、药用于一体的不可多得的珍贵经济树种。

1990—1992年由海俊年主编的《木瓜志》作为《山东果树志》的重要的一篇，由山东省科技出版社出版，2001年邓文田、程春中在牡丹区工商局备案相继成立了曹州木瓜研究所和曹州光皮木瓜研究所，程春中又在国家工商总局为木瓜树和木瓜果注册了"降龙木"和"降龙果"商标。由牡丹区林业局曹保芹撰写的《木瓜优良品种——玉兰》于2004年在《中国果树》第一期上发表。曹州木瓜树姿优美，枝干苍劲，花果秀丽而富有香气，是优良的树桩盆景材料。制作木瓜盆景可采用斜干式、多干式和丛林式等多种造型方式。直干式树形亭亭玉立、潇洒秀逸，斜干式均衡中有动势、充满诗情画意，多干式有主有次、高低错落，丛林式疏密有致、富有丛林茂密葱茏之意境，任取一盆将其置于厅堂、居室，不仅具有装饰美化效果，还可以净化空气；闲暇时赏其枝叶美，闻其花果香，令人心旷神怡。近年来山东主产区生产的木瓜艺术盆景，已成为国内外花卉盆景市场的新宠，价格连连攀升，其市场前景非常乐观。

沂州木瓜为落叶、半常绿大灌木或小灌木。产于山东省临沂市河东区汤河镇，具有3 000多年的悠久历史，是从沂蒙山区原有皱皮木瓜资源中选育的优良品种的统称。现集入药、观赏、饮食于一体，后经商标注册为"沂州木瓜"。沂州木瓜花色繁多，花形多样，枝干优美，果香袭人，可以作园林绿化和制作盆景的优良树种。近年来，临沂引进了大量的贴梗海棠观赏品种，逐渐代替了原来的木瓜海棠品种，形成了一个重要的木瓜现代栽培中心。

（三）木瓜的植物学特性

灌木或小乔木，高达5～10m，树皮成片状脱落；小枝无刺，圆柱形，幼时被柔毛，不久即脱落，紫红色，二年生枝无毛，紫褐色；冬芽半圆形，先端圆钝，无毛，紫褐色。叶片椭圆卵形或椭圆长圆形，稀倒卵形，长5～8cm，宽3.5～5.5cm，先端急尖，基部宽楔形或圆形，边缘有刺芒状尖锐锯齿，齿尖有腺，幼时下面密被黄白色茸毛，不久即脱落无

木瓜树枝条

毛；叶柄长5～10mm，微被柔毛，有腺齿；托叶膜质，卵状披针形，先端渐尖，边缘具腺齿，长约7mm。花单生于叶腋，花梗短粗，长5～10mm，无毛；花直径2.5～3cm；萼筒钟状外面无毛；萼片三角披针形，长6～10mm，先端渐尖，边缘有腺齿，外面无毛，内面密被浅褐色茸毛，反折；花瓣倒卵形，淡粉红色；雄蕊多数，长不及花瓣之半；花柱3～5，基部合生，被柔毛，柱头头状，有不显明分裂，约与雄蕊等长或稍长。果实长椭圆形，长10～15cm，暗黄色，木质，味芳香，果梗短。花期4月，果期9～10月。

（四）山东木瓜文化

《诗经》中"投我以木瓜，报之以琼琚，匪报也，永以为好也……"说的是春秋五霸，弱肉强食，群雄混战。当时卫狄相战，卫国大败，沿通粮道而逃，被齐桓公相救，且封地赠车马器物。卫国十分感激，欲报不能，于是歌之。从此齐卫友好，齐桓公之名也流芳于世。木瓜是山东和菏泽的重要经济果树，而关于木瓜的传说也广为流传。

相传4 000多年前，舜在丽山农耕，在雷泽(今山东菏泽东北)打鱼时，非常看重这些能治病的木瓜树，他把木瓜树种到了丽山之顶上（怕大水淹死）。这些树春夏秋冬，一天到晚都能得到太阳的照射和雨露的滋润，长势特别茂盛，每年脱皮多次，退皮后，留下的印记活像龙的鳞甲一样，布满枝干，落叶后又像一条条巨龙在空中巨舞。后来人们称它为吉祥树、龙之树，结的果称为龙之果。传说，龙之树就是龙的化身，龙之果就是现在的曹州木瓜。这是舜王给我们留下的宝贵财富。

二、菏泽曹州木瓜

（一）起源及分布

1.地理位置 该树生长于菏泽市牡丹区牡丹办事处天香社区芦堌堆村。H=45m，E=115°29.4136′，N=35°17.2941′。

2.起源 522年，明世宗嘉靖年间，一毕姓商贾在芦堌堆村栽下了这些木瓜树，受其影响，此后村民形成了种植木瓜树的传统。抗日战争时期，日军进攻菏泽途经芦堌堆村，破坏了部分木瓜古树。目前该处剩余木瓜种植面积约0.4hm²。

3.分布及生境 当地属暖温带季风型气候，四季分明，雨热同季，年平均气温13.6℃，平均年降水量680.8mm，年平均日照时数2 534h，无霜期210d，土壤为黄河冲积平原，pH7.3，地势平坦，土层深厚，为沙壤土。古树群落现存木瓜古树40株。

古树保护牌

（二）植物学特性

古树群株行距约5m×6m。树形美观，树高5～6m。树姿较直立，主干皮部呈片状脱落，枝条无刺，幼时具柔毛。叶片长椭圆形，长5～8cm，宽3.5～5.0cm。花淡红色，花冠直径2.5～3.5cm。花期较长，3月中旬露蕾，下旬初花，4月上旬盛花，4中旬终花期结果。自花结果，异花授粉坐果率更高。果实卵圆形，成熟果金黄色，有光泽，长10～15cm，单果重300～500g，肉质木韧，汁少，味酸涩，稍贮后果实芬芳

木瓜古树群

木瓜花

浓郁，久贮不皱皮。该树种枝条无刺，幼时具柔毛，树皮绿褐色或灰褐色、平滑，3年生以上树干和主枝的老皮,在每年3月至5月底开始呈现鳞片状剥落，老皮每剥落一片，新树皮逐渐由乳白色、浅黄色变为绿色至浅褐色，且新皮和老皮边缘明显，形成白、黄、绿、褐各色相间的云纹状斑纹，形态与迷彩服花纹相似，是落叶树中非常珍贵的彩干树种。

（三）保存现状

迄今菏泽市牡丹办事处芦固堆村还保留着明代栽植的曹州光皮木瓜古树40余株。由于木瓜树自身生理因素及周围环境因素影响，目前大部分木瓜古树树势衰弱，枝干腐朽中空现象严重。2014年4月牡丹区古树名木保护委员会对其全部进行了挂牌保护。2016年当地政府对这些古木瓜树进行枝干修复使树体复壮。

（四）文化价值

《诗经》中的《木瓜》文曰："投我以木瓜，报之以琼琚。以木瓜表达爱意，想到木瓜那馥郁的香气，使人心里浮现一份真实的美感，代表了甜美绵长情谊"。

木瓜古树树干　　　　　　　　　　　　　木瓜古树

三、菏泽人民广场木瓜群

（一）起源及分布

1.**地理位置**　该树生长于菏泽市开发区中华路266号。H=45m，E=115°29.7748′，N=35°14.2415′。

2.**起源**　菏泽，古称曹州，曹州(光皮)木瓜栽植于明代中期，发展于清代末年，距今已有500余年的历史,为当地远近闻名的特色树种,因菏泽古称曹州,故简称曹州木瓜。

3.分布及生境 该地属暖温带大陆性季风区半湿润气候，年平均气温13.2℃，年降水量741.8mm，降水日数80d左右。年平均日照时数为2 402.9h，年日照率54%。年平均相对湿度67%，年蒸发量1 677.5mm。无霜期217d。四季分明，光照充足，雨热同季，适宜农作物生长。

木瓜古树群

（二）植物学特性

树形美观，树姿直立，主干皮部呈片状脱落，枝条无刺，幼时具柔毛。叶片长椭圆形。花淡红色，花冠直径2.5～3.5cm。3月中旬露蕾，下旬初花，4月上旬盛花，4中旬终花期结果。自花结果，异花授粉坐果率更高。果实卵圆形，成熟果金黄色，有光泽，肉质木韧，汁少，味酸涩，稍贮后果实芬芳浓郁，久贮不皱皮。成熟期在10月上旬，10月中旬叶片变黄或橘红，11月下旬落叶。

（三）保存现状

该地木瓜树自身生理因素以及周围环境因素的影响，目前大部分木瓜树势有衰弱趋势。现已成为菏泽市的市树，种植相对其他地区较广泛。

（四）文化价值

木瓜树姿优美，花簇集中，花量大，花色美，常被作为观赏树种，或作为盆景在庭院或园林中栽培，春季可观花，落叶后可观干，具有极高的城市绿化和园林造景功能。

花

木瓜古树

四、潍坊诸城石河头荒山口木瓜

（一）起源及分布

1.**地理位置**　该树生长于诸城石河头荒山口，H=121m，N35°52.9907′，E119°37.2972′。

2.**起源**　农户家中种植，地处山区丘陵地，起源不详。

3.**分布及生境**　温带大陆性季风区半湿润气候，年平均气温13.2℃，年降水量741.8mm，降水日数80d左右。年平均日照时数为2 402.9h，年日照率54%。年平均相对湿度67%，年蒸发量1 677.5mm。无霜期217d。四季分明，光照充足，雨热同季，适宜农作物生长。

（二）植物学特性

树形美观，树高约7m，冠幅约8m。树姿直立，主干皮部呈片状脱落，枝条无刺，幼时具柔毛。叶片长椭圆形，花淡红色，花期较长，3月中旬露蕾，下旬初花，4月上旬盛花，4中旬终花期结果。自花结果，异花授粉坐果率更高。果实卵圆形，成熟果金黄色，有光泽，长10~15cm，单果重300~500g，肉质木韧，汁少，味酸涩，稍贮后果实芬芳浓郁，久贮不皱皮。成熟期在10月中旬，11月下旬落叶。

（三）保存现状

该树生长在农户庭院中，树姿半开张，枝条密集，树冠较郁闭，生长势较强。

木瓜古树枝干

（四）文化价值

光皮木瓜果的颜色金黄，果形端正大方，自然芳香味浓郁而又独特，放香时间持久，自然条件下能存放6个月以上。以上这些特点使木瓜果具备了珍贵的观赏价值。把木瓜果置放于厅、室等处，缕缕深幽的清香，着实令人闻之心旷神怡，观之久久不厌，抚之爱不释手。香气清新自然，作空气清新剂效果极佳。还有的晚熟品种，没有采前落果现象，直至12月下旬，树叶早已落尽，可硕大金黄的木瓜仍挂满枝头。庭院或景点栽植，阵阵香气袭人，雪中观赏满树的金黄木瓜，一派顽强生机，令人遐想连绵，别有一番意境观赏效果极佳。

木瓜古树

第二章
核果类古树

第一节　杏

一、概　述

（一）杏的价值

杏为蔷薇科(Rosaceae)李亚科
(Prunoideae)杏属(*Amenieca* Mill)植物。
杏原产于我国西北、华北、东北地区
及俄罗斯西伯利亚一带。我国为杏的
起源中心，杏树栽培历史悠久。全世
界杏属共有10个种，我国就有其中
的9个种。杏果深受人们的喜爱，不
仅风味独特、色泽艳丽，而且营养
丰富，具有良好的医药价值。在我国
明代医学大师李时珍撰写的《本草纲

古杏树

目》中直接谈到杏的果实、杏仁、花、叶、根的医药价值：主治"曝脯食。止渴去冷
热毒。心之果，心病宜食之。治风寒肺病药中，亦有连皮尖用者，取其发散也"。《滇
南本草》曰：杏"可治心中冷热，止渴定喘，解瘟疫。"《随息居饮食谱》曰：杏"须
熟透食之，润肺生津，以大而甜者胜。"取将要成熟的青杏，水洗去核，捣汁去渣，文
火浓缩呈膏状，成人每服 9g，小儿酌减，可治菌痢、肠炎、结核潮热、咳嗽、食物
中毒等。凡津液亏乏、烦渴者可食用鲜杏5枚，或将曝干后的杏干含服。现代用杏仁
做的中药"止咳糖浆"等，人皆熟用之。杏果肉中富含大量的胡萝卜素，是苹果中的
22.4倍，为水果之冠。鲜杏和杏干均属于低热量、多维生素的长寿型膳食果品，其成

熟期正值中夏水果淡季，因此是时令性较强的消暑解热水果。杏和杏仁等既是食品又是重要的工业原料，也是出口的传统产品，还是农民脱贫致富和改善生态环境的优良树种。

（二）起源及发展现状

杏为我国栽培历史最悠久的果树之一，目前世界各国栽培的杏都起源于我国。杏树在我国的栽培历史可追溯到3 500年以前，最初驯化栽培的杏是以食用果肉为目的鲜食杏，仁用杏的杏仁入药创始于东汉南北朝时期，杏仁除入药外，也作为食品。大约从元代开始，个别地区已培育出仁用杏，但栽培不普遍。近年的研究认为杏主要产于中国中原一带，除福建等少数省区杏树比较少见之外，全国大部分地区都有杏树分布，而新疆维吾尔自治区或许可称得上是中国历史上杏的主要集中产区之一。

杏适应性强，栽培范围广泛，在我国南起北纬23°5′的云南省麻栗坡县、北至北纬47°15′的黑龙江富锦县、西达新疆的喀什、东抵浙江沿海的乐清县均可栽培。目前主要集中有华北和西北地区，在辽宁西部、山东、湖北、湖南等省杏树也有较快的发展和分布，我国杏树大多为野生自然生长状态，虽然分布面积广，但密度不均。全国杏树分布可达近67万hm^2，有学者在伊犁地区新源县发现了成片的野杏林，野杏资源相当丰富，拥有44个品种和类型，并通过大量事实进一步论证了天山野杏即是我国栽培杏的直接祖先。据不完全统计截至20世纪末我国鲜食杏的栽培面积约19.54万hm^2，年产量约68.9万t，单位面积产量为3.53t/hm^2，占当年全国水果总产量的1.4%，占世界总产量的22.2%，居世界第一位。

山东省杏种质资源丰富，20世纪50年代末进行的山东省果树资源调查表明山东省约有200个良种资源，《山东省果树志》（1996）详细记载了130个品种及96个地方品种资源。山东杏属于华北生态群华北亚群，在光照适中、水分充足条件下，杏树生长旺盛，果个较大而质优。依据果实的成熟期、色泽、肉质、风味、种仁甜苦等性状，大致可分为麦黄杏、水杏、红杏、巴旦杏和仁用杏5个品种群。现有杏栽培品种和类型约有300个，其中有多个名优地方品种、育成品种、国内外引进品种及野生、半野生资源。根据山东省经济林管理站2011年统计数据显示，济南市杏树种植面积最大，约5 247hm^2，占全省总面积的20%，栽培集中，以长清区张夏镇万亩玉杏基地规模最大80万余

杏果

株，面积达800hm²，年产玉杏400万kg，产值2 000多万元，果农年人均增收2 000余元，张夏玉杏被列为国家地理标志性保护产品。临沂（3 080hm²）、泰安（2 727hm²）、济宁（2 473hm²）、滨州（2 020hm²）、烟台（2 007hm²）等地市面积都在2 000hm²以上，分别占全省杏树总种植面积的12%、9%、8%、8%。

山东省杏的品种主要为红荷包、崂山红、巴旦水杏、凯特、红丰、珍珠油杏、金太阳等，经过长期演化发展，基本形成了3个集中栽培区，一是沿黄及黄泛区栽培区，位于山东省西部和北部，为黄河冲积平原，主产县包括菏泽市单县、聊城市冠县。二是鲁中南山地栽培区，位于山东省中南部，主产地有济南市、临沂市蒙阴县、沂源县、沂水县、平邑县；泰安市肥城市、东平县、新泰市；济宁市泗水县。以济南市、泰安市为代表的鲁中南部山区是山东省的杏主要产区。三是胶东丘陵地栽培区，位于山东省东部，主产县包括青岛市平度市、即墨市、莱西市；烟台市龙口市；威海市荣成市；潍坊市安丘市、青州市。

（三）杏的植物学特性

杏树为落叶乔木。小枝褐色或红褐色。叶卵圆形或卵状椭圆形，边缘具钝锯齿。花单生，先叶开放，花瓣白色或稍带红晕。花形与桃花和梅花相仿，含苞时纯红色，开花后颜色逐渐变淡，花落时变成纯白色。花期3～5月。核果近卵形，圆、长圆或扁圆形，与梅果相似，果皮多金黄色，向阳部有红晕或斑点。果肉暗黄色，味甜多汁，具缝合线和柔毛，淡黄色至黄红色。果熟期6～7月。杏花有变色的特点，含苞待放时，朵朵艳红，随着花瓣的伸展，色彩由浓渐渐转淡，到谢落时就成雪白一片。

（四）山东杏文化

杏花是我国北方家喻户晓的报春花，深受人们青睐。早在南北朝时期的北周诗人庾信（513—581），有一首描写杏花的名诗流传至今："春色方盈野，枝枝绽翠英。依稀映村坞，烂漫开山城。好折待宾客，金盘衬红琼。"描绘出早春杏花绽放的芳姿和点染城乡的美丽景色，引发了诗人折花金盘待宾客的美好联想，看出古人对杏花之喜爱。

"杏林"与医德医术渊源已久，早在4世纪东晋时代，葛洪著的《神仙传》中："奉[①]居山，不种田，（每）日为人治

杏枝叶

---

①董奉，三国时期东吴人。

病，亦不取钱。重病愈者使栽杏五株，轻者一株，如此数年计得十万余株，后（来）杏大熟，于林中作一草（粮）仓。（召）示时人曰：'欲买杏者，不须报奉，但将谷一器置（于）仓中，即自往取一器杏去。'奉每年货杏得谷，旋以赈救贫乏，供给行旅不逮者，岁（年）二万余斛。"明代名医郭东就模仿董奉，居山下，种杏千株，经常接济贫民。明代大书画家赵孟頫病危，经当代名医严子成治愈，特送一幅"杏林图"致谢。可见杏林又与医德和医术结下了情缘，"杏林"也成为现代医学界的代名词。如今，病愈者出院常常赠送锦旗，称颂医德医术高明的医生或医院为"誉满杏林""杏林春暖""杏林之家"等，杏文化的继承密切了医患情缘。"杏林"也被用作现代医学团体、医学刊物的代名称。

"杏坛"典故最早出自庄子的一则寓言：说孔子到处聚徒授业，每到一处就在杏林讲学，休息时就坐在杏坛之上。后人就把孔子讲学的地方称作"杏坛"，也泛指聚众讲学的地方。后来人们在山东曲阜孔庙大成殿前为孔子筑坛、建亭、书碑、种植杏树。北宋时期，孔子的后代又在曲阜的祖庙筑坛，并环坛种植杏树，遂以"杏坛"名之。现在人们常把教育界称为"杏坛"，在广东省佛山市顺德区还有一所"杏坛中学"。在山东省临沂市建有"杏坛中心城"和"杏坛文化小区"，以示学校和教师集中区域。2007年山东卫视开辟了"新杏坛"大型栏目，弘扬中华优秀文化传统，解古今疑团，启国人智慧，深受群众欢迎。继承与弘扬本身也是一种文化。

二、青岛平度城关镇正涧村杏

（一）起源及分布

1. **地理位置**　该树生长于青岛平度城关镇正涧村一农户家门口。H=148m，E=119°57.5606′，N=36°53.3366′。

2. **起源**　该树种植年限不详。

3. **分布及生境**　生长于当地，门前丘陵地，土壤较贫瘠，管理较粗放。

（二）植物学特性

落叶乔木，树高约8m；树冠圆形；树皮灰褐色，纵裂；多年生枝浅褐色，皮孔大而横生，一年生枝浅红褐色，有光泽，无毛，具多数小皮孔。叶片宽卵形，花

古杏树

单生，直径2～3cm，先于叶开放；花瓣圆形至倒卵形，略带红色。果实球形，直径在2.5cm以上，黄色；果肉多汁，成熟时不开裂；核卵形或椭圆形，两侧扁平，顶端圆钝，种仁味苦。花期3～4月，果期6～7月。

（三）保存现状

该树生长于农户家门前，生长势较强，树干上及主干上部分树皮被破坏。

（四）文化价值

唐以前文人的咏杏诗，北周庚信（513—581）有"春色方盈野，枝枝绽翠英。依稀映村坞，烂漫开山城。好折待宾客，金盘衬红琼"的诗句，其承载的信息，一是"依稀"与"烂漫"的对比，疏与密，构成了两样不同的意境美。"疏"引申出"杏花疏影里，吹笛到天明"，苏东坡将此意境发展极致，便是"褰衣步月踏花影，炯如流水涵青苹"。提衣走进月华如水之中，水流光耀，疏影就如漂浮的浮萍，极美。杏花有变色的特点，含苞待放时，朵朵艳红，随着花瓣的伸展，色彩由浓渐渐转淡，到谢落时就成雪白一片。"道白非真白，言红不若红。"

杏幼果

三、临沂费县核桃峪杏

（一）起源及分布

1. **地理位置**　该树生长于费县马庄镇核桃峪内。H=224m，E=117°57.6654′，N=35°11.0172′。

2. **起源**　该树种植年限不祥，据村民说大约有130年以上。

3. **分布及生境**　核桃峪地处费县马庄镇芍药山万亩核桃园旅游区的小湾村，全村以种植核桃为主，零星种植杏，百年以上的古杏树也有数十棵。马庄镇在尼山山脉腹地，属青石山区，涑河河流自西向东穿过本镇是费县最早的7个建制镇之一。

（二）植物学特性

落叶乔木，最大一株古树高约14m，胸径0.6m，冠幅16m；树冠扇形；树皮灰褐色，纵裂；枝条开展，小枝灰褐色或淡红褐色。叶互生，叶片卵形至近圆形。叶芽与花芽并生。花单生，近无柄，先于叶开放，萼内片与花瓣均5枚，雄蕊多数，子房被短柔毛。果实为核果，球形，两侧扁平，具有明显的纵沟，外被短柔毛，黄色并具红晕，味酸甜；成熟时沿腹缝线裂开，核易与果肉分离，核近球形。

古杏树1

（三）保存现状

古杏树现在均已经分产到户，由村民具体管护，保存现状良好。

（四）文化价值

马庄镇是革命老区，人才辈出，有北豹窝村十八勇士抗击日寇谱写的壮歌。解放战争时期，"北豹窝战斗十三勇士"的英名被广为传颂。他们的英雄事迹在《鲁南时报》刊登，勇士们的照片曾在中国人民革命军事博物馆展出。

古杏树2

杏枝干

四、临沂费县里卧坡杏

（一）起源及分布

1. **地理位置** 该树生长于费县马庄镇里卧坡。H=257m，E=117°56.5347′，N=35°11.2191′。

2. **起源** 该树种植年限不祥，据村民说有150年以上。

3. **分布及生境** 该古杏树在楼子峪村附近的里卧坡，西倚玉环山，东傍青龙河，该处往西可以通往山清水秀的许家崖风景区，往东可以到达万亩核桃园旅游风景区。全村以种植核桃、板栗为主，零星种植杏，百年以上的古杏树有数棵。

（二）植物学特性

落叶乔木，最大一株古树高约18m，胸径0.7m，冠幅12m；树冠卵形；树皮灰褐色，纵裂；树干在0.7m处有个2分枝，一枝枝干茂盛，一枝基本枯死。根系发达，裸根约长2m，粗0.1m，由数根盘曲而生。叶互生，叶片卵形至近圆形。花单生，近无柄，先于叶开放，萼内片与花瓣均5枚，雄蕊多数，子房被短柔毛。果实为核果，球形，两侧扁平，具有明显的纵沟，外被短柔毛，黄色并具红晕，味酸甜；成熟时沿腹缝线裂开，核易与果肉分离，核近球形。

古杏树

（三）保存现状

古杏树现在均已经分产到户，由村民具体管护，保存现状一般。

（四）文化价值

楼子峪村标志建筑是始建于清代中期的门楼子，它见证了村庄几百年来的变迁。楼子峪村现有30余间结构完整的明清民居建筑群，这些民居建筑大分散，小聚齐，石屋、石桥、石碾、石磨等错落有致，处处体现出石的元素和古老、悠远的原始风貌。

杏树裸根

杏枝干

楼子峪村得名于抗战时期修筑的防御工事，是村民抵御外敌入侵的有力武器。抗日战争时期，楼子峪村民为了抵御日军入侵，加筑了门楼，并且村民纷纷将自己家的院墙拆除，收集石料，修筑了一道保护村落的围墙。正是村民的团结和无私的奉献粉碎了鬼子的多次扫荡，给予了游击队强有力的支援，在临费边区抗战中发挥了重要的作用。

楼子峪村基本上全是石头房子，一般都是年老的村民在此居住，随着村子的发展，一些外出务工人员开始逐渐回村创业，加速了村子的整体发展。在楼子峪有两条路，往西可以通往山清水秀的许家崖风景区，往东可以到达万亩核桃园旅游风景区。秋天是万亩核桃园最美的季节，红的山楂、黄的柿子、青的核桃……再配以彩色的树叶，像极了调色板撒落此处。

杏枝叶

枯死一半的古杏树

五、济南长清杏花村玉杏

（一）起源及分布

1.**地理位置**　生长于济南长清区张夏镇焦台村一带。H=155m，E=116°55.4686′，N=36°26.3255′。

2.**起源**　古树种植年限不祥，据村民说最大古树有100年以上。

3.**分布及生境**　张夏万亩玉杏园位于黄家峪内，分布在纸坊、焦台、桃园、娄峪等近20个村，主要有玉杏、红荷苞、金太阳等10余个品种。张夏

牧童遥指杏花村

玉杏，栽培历史已有2 600多年，从汉武帝到末代皇帝，一直被列为宫廷御用佳品。该地属暖温带季风区半湿润气候，雨量充足，有著名景点义净寺、馒头山(世界第三地质名山)、莲台山、晓露泉、四禅寺等，特色资源为木鱼石。

杏果

（二）植物学特性

落叶乔木，古树高约13m，胸径0.4m，冠幅12m；树冠卵形；树皮灰褐色，纵裂；根系发达。叶互生，叶片卵形至近圆形。花单生，近无柄，先于叶开放，萼内片与花瓣均5枚，雄蕊多数，子房被短柔毛。果实呈扁圆形，肉厚、核小、皮薄，色泽呈橙红色，阳面有片红，果肉呈橙黄色，肉质脆硬，果肉多汁，酸甜适口，营养丰富，果仁味苦，耐贮运。

（三）保存现状

古杏树现在均已经分产到户，由村民具体管护，保存现状较好。近年来，张夏镇17个村子共同打造成了"三十里玉杏谷"，已成为张夏的一张旅游名片。

（四）文化价值

张夏玉杏又名御杏、汉帝杏、金杏。栽植杏树已有2 000多年的历史，据《水经注》和《高僧传》两部史书记载，黄家峪又名金舆谷，谷中有山名曰玉符山，山中生产杏果，此果成熟后，果实如美玉般晶莹剔透，百姓便称之为玉杏。

相传，清代，乾隆去泰山祭天的途中路经此地，远远望去满山遍野都是金黄的果子，便令随从摘来品尝，此果个大皮薄，香甜可口，芳香四溢，乾隆非常高兴，随钦定此果为宫廷御用，便把玉杏又叫御杏。焦台村仍存有上百年的老杏树，依然根繁叶茂，果实累累，结的玉杏个大质优。御杏即玉杏，既指皇帝御赐，亦有杏中之王之意，他不同于普通的杏，普通杏5月上旬成熟，摘下的杏个小、味儿酸，需要放置一段时间才能变甜，放置后的杏虽有甜味儿却失去了新鲜的感觉，而玉杏成熟时间要到6月初，特点是由内向外熟，刚摘下时看着不太红，却可以立即食用，"味甜、个大、新鲜、有肉

杏枝叶

感"是其最大的特点，单果最大重量可达200g。

玉杏古树群1   玉杏古树群2

第二节　樱　　桃

一、概　　述

（一）樱桃的价值

樱桃的果实含有丰富的营养，据测定每百克鲜果中含碳水化合物8g、蛋白质12g、钙6mg、磷3mg、铁5.9mg，维生素C的含量高于柑橘和苹果。食用樱桃可增进人体健康、增强人民体质。樱桃除了含有丰富的营养外，又有很高的药用价值。自古以来的医书都把樱桃当作上等药物。

樱桃的果实除鲜食以外，还可以加工成樱桃汁、酒、酱、什锦樱桃、什锦蜜饯、酒香樱桃、糖水樱桃、樱桃脯等20多种产品。特别是糖水樱桃又是制作高级菜肴的材料。樱桃的鲜果及其加工品是重要的外贸出口换汇物资，糖水樱桃罐头是国际市场上的畅销货。

樱桃除了食用价值以外，樱桃树姿秀丽，花期早，花量大，结果多。春天盛花时节，一簇簇、一串串绯红、粉白色的花绽满枝头，春风荡漾，花香四溢，果红叶绿甚为美观。在庭院、城市园林和游览胜地栽培樱桃，不但可得果益人之利，还有赏心悦目之宜。

（二）起源及发展现状

樱桃在全世界有四个大家族，它们分别是甜樱桃、酸樱桃、中国樱桃、毛樱桃。起源于我国的樱桃家族也有两种，一种是中国樱桃，另一种是毛樱桃。

　　中国樱桃（*Cerasus pseudocerasus* Lindl.）（俗称小樱桃）起源于我国，隶属蔷薇科（Rosaceae）李亚科（Prunoideae）樱属（*Cerasus*）。落叶乔木，果实成熟时颜色鲜红，玲珑剔透，味美形娇，营养丰富，医疗保健价值颇高，又有"含桃"的别称。中国樱桃至今已有 2 500～3 000 年的栽培历史，是我国最为重要和古老的栽培果树之一。1965 年从战国时期的古墓中发掘出樱桃种子，经鉴定是中国樱桃。西汉《尔雅》中记载的"楔荆"就是中国樱桃。东汉《四民月令》有"羞以含桃，先荐寝庙"的记载。据《说文》考证，"含桃"即莺桃，意为莺鸟所食。到北魏贾思勰的《齐民要术》中对樱桃的栽培有了详细记述："二月初，山中取栽；阳中者，还种阳地；阴中者，还种阴地"。这说明劳动人民已掌握了较高的栽培技术。

　　中国樱桃虽有树姿秀丽，果实璀璨晶莹，无农药污染等优点，但个头儿比较小，果实采收费时费力，且果实不耐存放和运输，目前栽培得较少，种植中国樱桃的樱桃园，主要以采摘为主。中国樱桃主要分布于中国的辽宁、河北、陕西、甘肃、山东、河南、江苏、浙江、江西、贵州、四川等省。其品种也很多，如黑珍珠、超早红樱桃、大鹰嘴等，都是较为优良的中国樱桃品种，这些品种的具体风味也不尽相同。山东的泰山樱桃、枣庄的大窝楼叶、小窝楼叶、莱阳短把大果、滕县大红樱桃、崂山短把红樱桃、诸城黄樱桃都是地方优良品种，这些地区均有不同面积的小樱桃采摘园。

古樱桃树　　　　　　　　　　　　　　　　古樱桃树开花状

　　毛樱桃 [*Cerasus tomentosa* (Thunb.) Wall]，是另一种原产于我国的樱桃树种，也叫山樱桃。毛樱桃在我国种植也已经有了 3 000 多年的历史，在全国各地都有过种植。毛樱桃是灌木，通常高 0.3～1m；或稀呈小乔木状，高可达 2～3m。毛樱桃的营养也很丰富，果和叶还能入药治病。如今毛樱桃的栽植多用于园林绿化，春季花期花量繁多，夏初结满或红或白的果子，果实与绿叶相映衬面煞是好看，由于其果实较中国樱桃和甜樱桃相对酸涩，现多不做食用栽培。

　　山东是我国最早栽培甜樱桃的地区之一，也是截至目前栽培面积最大、产量最多的省份。大樱桃作为种植业中的高效作物，近年来得到快速发展，成为山东省特色优势产业，在助推乡村振兴、增加主产区农民收入等方面发挥着越来越重要的作用。

20世纪80年代以前，山东省甜樱桃生产发展缓慢，多在沿海城市周边栽培，面积少，产量低。之后，随着市场经济的发展，特别是砧木新品种的推广，甜樱桃种植范围逐步扩大，主要分布由山东半岛和鲁中山区扩大到鲁西北和鲁西南地区。2018年，全省甜樱桃结果面积3.86万hm^2，产量53.0万t，分别占全省水果总量的6.7%和3.2%，

樱桃果

占全国甜樱桃总量的40%和53%，均居全国第一位。主要栽培品种有美早、萨米脱、早大果、布鲁克斯、拉宾斯等。主要集中在烟台、泰安、枣庄和潍坊等市，产量最多的烟台市年产23万t左右，占全省总产量的40%以上，其他年产量在1万t以上的市有泰安、潍坊、淄博、青岛、临沂、枣庄、济南、聊城。以县域计，产量在1万t以上的县（市、区）有烟台市福山区、栖霞市、牟平区、蓬莱市、莱州市、泰安市岱岳区、新泰市、潍坊市临朐县、安丘市、淄博市沂源县、青岛市胶州市、枣庄市山亭区、济南市长清区、济宁市邹城市等。

甜樱桃设施栽培发展迅速，面积已达5 300多hm^2，占总面积的14%左右，设施栽培规模较大的县（市、区）有临朐县、安丘市、烟台市福山区、栖霞市、沂源县、新泰市、枣庄市山亭区等。设施类型主要是日光温室和塑料大棚，另有部分避雨防霜棚，栽培品种以红灯、美早、先锋等为主。我省甜樱桃除在本地市场就近销售以外，约有60%以上的产量销往省外。近年来，电商销量大幅增加，据不完全统计，2019年甜樱桃产量的30%通过电商销售。越来越多的甜樱桃园建于城市周边，以采摘园的形态存在，成为市民休闲观光的好去处，收入十分可观。

（三）樱桃的植物学特性

乔木，高2～6m，树皮灰白色。小枝灰褐色，嫩枝绿色，无毛或被疏柔毛。冬芽卵形，无毛。叶片卵形或长卵圆形，长5～12cm，宽3～5cm，先端渐尖或尾状渐尖，基部圆形，边有尖锐重锯齿，齿端有小腺体，上面暗绿色，近无毛，下面淡绿色，沿脉或脉间有稀疏柔毛，侧脉9～11对；叶柄长0.7～1.5cm，被疏柔毛，先端有1或2个大腺体；托叶早落，披针形，有羽裂腺齿。花序伞房状或近伞形，有花3～6朵，先叶开放；总苞倒卵状椭圆形，褐色，长约5mm，宽约3mm，边有腺齿；花梗长0.8～1.9cm，被疏柔毛；萼筒钟状，长3～6mm，宽2～3mm，外面被疏柔毛，萼片三角卵圆形或卵状长圆形，先端急尖或钝，边缘全缘，长为萼筒的一半或过半；花瓣白色，卵圆形，先端下凹或二裂；雄蕊30～35枚，栽培者可达50枚。花柱与雄蕊近等长，

无毛。核果近球形，红色，直径0.9～1.3cm。花期3～4月，果期5～6月。

（四）樱桃文化

古代樱桃的地位是极品中的极品。我国古代有很多文人墨客曾留下对樱桃的赞美诗句：后梁宣帝《樱桃赋》中有"懿夫樱桃之为树，先百果而含荣，既离离而春就，乍苒苒而东迎"；唐太宗《樱桃春为韵诗》中"华林满芳景，洛阳编阳春，未颜合运日，翠色影长津"描写樱桃花的诗句；唐代著名诗人白居易诗《吴樱桃》"含桃最说出东吴，香色鲜秾气味殊。洽恰举头千万颗，婆娑拂面两三株。鸟偷飞处衔将火，人摘争时踏破珠。可惜风吹兼雨打，明朝后日即应无"。表达了当时樱桃的珍贵，以及对遭受风吹雨打而落地樱桃的惋惜之情。宋代苏轼《樱桃》"独绕樱桃树，酒醒喉肺干。莫除枝上露，从向口中传"。

樱桃在古代也被皇帝用来赏赐重臣，唐代的诗人中王维、韩愈、张籍、白居易等曾获此厚遇，吃过之后大喜过望，感激得不得了，后来各地也纷纷进献，民间百姓倘若谁能吃到一颗樱桃，那肯定比过年还要开心。看来这樱桃真的是极品中的极品。樱桃通常在情侣之间被认为是爱情的象征，也是一种甜蜜的象征。而关于樱桃也有个美丽的爱情传说：

相传有一个美丽的山村，村子里有一名叫樱桃的姑娘和刘秀才相爱了。秀才四岁那年没了父母，一直与年迈的爷爷奶奶相依为命，生活很清苦，秀才不愿意让樱桃受委屈，发誓一定要考取功名，风风光光地将樱桃娶进门。

秀才挑灯夜读，十分刻苦，但是连续几年成绩都不尽如人意。这一年，秀才又要上京去赶考，他们在镇海城门口依依惜别，秀才握住樱桃的手道："樱桃姑娘放心，我这次一定会考取功名，你一定要等我回来。"樱桃红着脸点了点头。

功夫不负有心人，这一年的科举考试中，刘秀才考取了举人，他很是开心，觉得迎娶樱桃是指日可待的事情了。谁知，朝中一大臣觉得刘秀才是个可塑之才，为人也踏实，想要收其为徒，并将自家小女许配于他。旁人都对秀才道恭喜，"你应了这门亲事，以后定可平步青云，仕途无忧。"秀才却是百般推辞，"我心中只有樱桃姑娘一个人，大人的美意怕是要辜负了。"大臣气不过，认为他这是敬酒不吃吃罚酒，于是请求皇上赐婚。

樱桃花

　　刘秀才也是个倔强之人，他宁死不屈，抗旨不婚，圣上勃然大怒，下了道圣旨，如不思反悔，罪责难赦，打入死牢，秋后问斩。

　　这消息不久就传到了樱桃的耳中，她十分担心，乔装打扮，不远千里赶到了京城，通过多方打点终于见到秀才。牢中的秀才见到樱桃百般惊喜，樱桃则泣不成声，"你就应了这门亲事吧，活着总归就有希望，哪怕我将来在你府上当丫头，只要能日日见到你，我也乐意。"

　　可秀才拼命地摇头，"自认识你那天起，我的心里就只有你一个人了，别人我是万万容不下的，我就是死也不会答应。只是有一点，我的爷爷奶奶年事已高，我万一真的回不去，就麻烦你告诉他们一声，孙儿不孝，没能在二老膝下好好尽孝，只能下辈子再好好孝顺他们了。"

　　樱桃听了泪如雨下，她知道自己说服不了秀才，只得告诉秀才，"不管你能不能回来，是死还是活，我都在山上等你回来，如果你回不来，我就替你在爷爷奶奶膝下尽孝。"

　　从那天以后，樱桃一直遵守她和秀才之间的约定，每天侍奉在秀才的爷爷奶奶身边，但更多的时间是在他们常约会的山头发呆。这一年秋后，从京城传来消息，说秀才已经被斩首了。樱桃姑娘痛不欲生，终日以泪洗面，不久，人们发现她服了毒，就死在了她与秀才相约的地方，之后人们就把她葬到那里。

　　但其实秀才并没有被斩首，只是大臣为了秀才早日与自家小女成婚而使的一计。"既然樱桃姑娘已经不在了，你就安心地与小女成婚吧！我们自是不会亏待你。"大臣说道。当秀才听说樱桃姑娘服毒自尽的时候，就知道了这可能是大臣的阴谋，于是他同大人说道："我寒窗苦读十几年考取功名，不过是为了让樱桃姑娘过上好日子，如今樱桃姑娘已不在，想来我做这个官也没什么意思。小生不才，承蒙大人厚爱，但我心已不在此，还请大人高抬贵手，放小生回家吧。""为了那女子你当真连这功名都不要了？"大臣不解。秀才摇头，"她不在，我要这功名又有什么用，有生之年，小生都不想再踏入这京城半步。"大臣见小生去意已决，自知留不住他，"希望你遵守自己的承诺，我不想再在京城看到你。"

　　秀才回到家乡，来到与樱桃姑娘相约的地方，当他看到樱桃的坟墓时，万千情绪突然涌上心头，想说的话太多，却如鲠在喉，最后只是说了一句："我就知道你一直在等我，所以我来了！"他在坟墓边搭起了一个简单的小屋，一直在这里守着。不知道从什么时候，小屋的旁边长出一棵小树，还结了红红的果实，像极了樱桃姑娘甜甜的笑容。

　　后来，秀才和樱桃的故事在村里流传开来，人们在自己的房前屋后种上樱桃树，希望自己的另一半也可以对感情忠贞不渝。

二、烟台海阳薛家村小樱桃

（一）起源与分布

1. **地理位置**　该树生长于烟台海阳市盘石店镇薛家村大西山。H=175m，E=121°11.0010′，N=36°53.6153′。

2. **起源**　薛家村古樱桃来源于当地，相传为野生樱桃资源，现存共有3株，据当地村民讲述，该樱桃树种植年限约500年，早期时候，该樱桃树生长在山沟里，樱桃采摘不方便，为方便采摘，前几年借村里修路的契机将种植樱桃的山沟填平了，所以现今见到的樱桃树地上部分没有主干，只有若干粗壮的主枝呈丛状栽植。

3. **分布及生境**　盘石店镇薛家村地处海阳北部山区的招虎山北麓，距离海阳市区30km。周边有招虎山国家森林公园、云顶竹林、丛麻院禅寺、天籁谷等景区。该村三面环山，山清水秀，主导产业是苹果、大樱桃、柿子和草莓。

古樱桃树1

（二）植物学特性

落叶乔木，树势中，树姿开张，主干褐色，树皮块状裂，枝条密。小枝灰色，被稀疏柔毛。叶片倒卵状椭圆形，一年生枝褐色，长度中等，节间平均长2~3.6cm，粗度中等，平均粗1.1cm，多年生枝黄褐色。叶片绿色。托叶卵形，绿色，有缺刻状锯齿，齿尖有圆头状腺体。花纯白色，花冠为蔷薇形。果实圆球形，果皮和果肉均为红色，成熟度较一致，风味甜，离核。可溶性固形物含量17.5%。生长势中、萌芽力和发枝力中，坐果能力强。3月中旬萌芽，4月上旬开花，5月下旬成

古樱桃树2

熟采收, 11月中旬落叶。

(三) 保存现状

三株古树保存完好, 长势良好,
可连年丰产。

(四) 文化价值

古樱桃树留在地上的枝干分散
开来, 犹如张开的臂膀, 迎接来访
的客人, 虽历经百年沧桑, 但依然
焕发生机, 将顽强的生命力呈现给
世人, 让世人在品尝果实的同时,
对古树的传说充满遐想, 对生命充
满敬畏之情。

樱桃花

樱桃果

二、泰安常家庄小樱桃

(一) 起源与分布

1. **地理位置**　该树生长于泰安市岱岳区小常家庄村。H=256m, E=117° 03.3046′,
N=36° 13.0399′。

2. **起源**　起源于咸丰年间, 距今有近200年的历史了。

3. **分布及生境**　泰山之樱桃园景区, 位于泰安市岱岳区区政府与大河水库北侧,
南与孔庙曲阜相邻, 处于山东省一山一水一圣人的旅游黄金路线与泰山东西大门的中
间地带, 是泰安市著名风景区之一。

古樱桃树群1

古樱桃树群2

（二）植物学特性

　　落叶乔木，树势中等，树姿开张，主干褐色，树皮块状裂，枝条密。小枝灰色，被稀疏柔毛。叶片倒卵状椭圆形。果实圆球形，果皮和果肉均为红色，成熟度较一致，风味甜，离核。萌芽力和发枝力中等，坐果能力强。3月中旬萌芽，4月上旬开花，5月上中旬成熟采收，11月中旬落叶。该处樱桃多与茶树套种，生长良好，成为当地一道靓丽的风景线。

樱桃叶

（三）保存现状

　　古树已分产到户，树木长势良好，可连年丰产。

（四）文化价值

　　根据史料记载，樱桃园的开发，源自泰安人鲁泮藻父子。泮藻，字品方，号涧谷，世居泰安城西之王庄（今泰山区泰前街道王家庄）。鲁氏始祖系自高唐州（今山东高唐）迁岱，至泮藻为九世，世皆以农为业。

　　鲁泮藻中年以后，厌倦宦途，一心向学，偶得清初儒学名家李颙（明清之际哲学家）之《四书反身录》。李颙实学特重农术，尝举徐发

樱桃果

仁《水利法》与泰西熊三拔《泰西水法》，因时制宜，用于农业生产。李颙这些救世济民的实学思想，给了鲁泮藻颇多启迪。从鲁泮藻所居住的王庄向北行几里地，就来到傲徕峰下的一处河谷，河水湍急。在它的旁边是一处不到0.67hm^{2}的空地，名叫樱桃园。虽然有樱桃园之名，但因石多土薄，既没有佳树，也没有良田，被人们视为荒地。鲁泮藻决议用所学农田水利技术，来开发这一片贫瘠的土地。鲁泮藻买到樱桃园的山地后，投入大量精力，开渠引水，开垦荒地栽种了果树苗木，修建亭馆，山庄建设初具规模。鲁泮藻临终前，仍念念不忘他的山庄。鲁泮藻的儿子，继承父亲遗愿，对山庄进行拓展，架亭筑馆以招来客，挖水池，从山上引水，来增加山庄的美景。

四、泰安化马湾小樱桃

（一）起源与分布

1.地理位置　该树生长于泰安市岱岳区化马湾双河村。H=298m，E=117°20.9148′，N=36°3.7129′。

2.起源　栽培年限不详，部分古树近百年。

3.分布及生境　化马湾乡位于岱岳区东南部，地处"徂徕山国家森林公园"北部，东接莱芜，辖区以山地、丘陵为主。化马湾是经省国土资源局批准的全省的第七大地质公园，其谷幽壑深、壁立千仞、高大峻拔，融幽深、险峻、秀美于一身，再加上不绝于耳的松涛声、鸟鸣声、潺潺溪水声，再配上蓝天白云，构成一个无比优越的生态系统。景区内四季变化明显，气象万千，叠翠的峰峦随着四季的更替而显出不同的姿态。该地果树资源丰富，樱桃、板栗和日本甜柿已成规模化种植。

古樱桃树枝干

（二）植物学特性

落叶乔木，树姿开张，主干褐色，树皮块状裂，枝条密。小枝灰色，被稀疏柔毛。叶片倒卵状椭圆形。果实圆球形，果皮和果肉均为红色，成熟度较一致，风味甜。生长势中、萌芽力和发枝力中，坐果能力强。3月中旬萌芽，4月上旬开花，5月上中旬成熟采收，11月中旬落叶。该处小樱桃现存较少，大樱桃发展较快，已成规模化种植，成为当地一道靓丽的风景线。

古樱桃树1

（三）保存现状

古树已分产到户，树木长势良好，可连年丰产。

（四）文化价值

櫻桃果

櫻桃素有"江北春果第一枝"的美称。泰安市岱岳区化马湾乡櫻桃种植面积800hm²，其中大櫻桃533hm²，年产大櫻桃600余万kg，主要品种有红灯、大紫、红丰、芝罘红、意大利早红、早大果以及乌克兰系列品种。

该乡位于泰山东南和徂徕山东北麓，环境优美，气候适宜，形成了适宜大櫻桃生长的物候条件。所产櫻桃果大核小、甜度高，外观光亮鲜嫩，成熟期早，目前建成了山东省最大的大棚櫻桃基地，并与山东省农业厅农垦中心联合开发了

古櫻桃树2

333hm²有机櫻桃基地，产品远销深圳、大连、内蒙古等地，备受广大客户欢迎。

五、枣庄山亭水泉镇火櫻桃

（一）起源与分布

1. **地理位置**　火櫻桃生长于枣庄山亭水泉镇一带。H=159m，E=117°25.2869′，N=35°10.6078′。

2. **起源**　水泉是中华櫻桃的原产地，当地人祖祖辈辈都有种櫻桃的习惯，房前屋后，山上坡下，遍布櫻桃树，距今已有3 000多年的栽植历史。

3. **分布及生境**　水泉镇火櫻桃生产基地位于该镇棠棣峪流域，辖棠棣峪、倪庄、赵岭、郑庄、尚岩等12个行政村，是山亭区最大的火櫻桃生产基地。山亭属于温带季风型大陆性气候，一般盛行风向东风和东南风，受海洋一定程度的调节和影响，气候资源丰富，具有气候适宜、四季分明、雨量充沛、气温较高、光照充足、无霜期长等特点。气候温和，最适宜櫻桃栽植，区域内四季分明，水土适宜，全区火櫻桃种植面积达1.34万hm²。

（二）植物学特性

落叶乔木，树势中等，树姿开张，主干褐色，树皮块状裂，枝条密。小枝灰色，被稀疏柔毛。叶片倒卵状椭圆形。火樱桃个大、色红、肉质细嫩、营养丰富、十分清口。萌芽力和发枝力中等，坐果能力强。3月中旬萌芽，4月上旬开花，5月中旬成熟采收，11月中旬落叶。

大樱桃树枝干

（三）保存现状

现小樱桃已经不多见，农户大量发展大樱桃，已有20余年。

交易市场

水泉镇

大樱桃树

樱桃果

（四）文化价值

水泉镇素有"中国火樱桃之乡"美誉。水泉是中华樱桃的原产地，当地人祖祖辈辈都有种樱桃的习惯，房前屋后，山上坡下，遍布樱桃树，距今已有3 000多年的栽植历史，被评定为"中国山亭火樱桃之乡"。

结果状1 结果状2

六、济宁邹城朝阳洞酸樱桃

（一）起源与分布

1.地理位置 酸樱桃生长于邹城市城前镇石垛子村、平邑县白彦镇朝阳洞一带。H=263m，E=117°25.9254′，N=35°17.2442′。

2.起源 酸樱桃在中国只有摩巴酸一个品种，邹城市有集中分布。

3.分布及生境 城前镇位于鲁中南低山丘陵区的西南部，邹城市境最东部，白彦镇位于平邑县西南部，地处三市（临沂市、枣庄市、济宁市）三县（平邑县、山亭区、邹城市）交界处。便利的交通和独特的区位优势，促使白彦镇成为连接三市经济带上的重要节点，被命名为"沂蒙樱桃之乡"。该地处暖温带半湿润区，属大陆性季风气候，山峦环绕，丘陵连绵，沟壑纵横。

（二）植物学特性

乔木，树高3m，树冠圆球形。树皮暗褐色，有横生皮孔，呈片状

结果状

剥落；嫩枝无毛，起初绿色，后转为红褐色。叶片椭圆倒卵形至卵形，先端急尖，基部楔形并常有2～4腺，叶边有细密重锯齿，下面无毛或幼时被短柔毛。花序伞形，有花2～4朵，花叶同开，基部常有直立叶状鳞片；萼筒钟状或倒圆锥状，向下反折；花瓣白色。核果扁球形或球形，直径12～15mm，鲜红色，果肉浅黄色，味酸，粘核。

酸樱桃果

（三）保存现状

该地及周边乡镇近年来大力发展大樱桃产业，酸樱桃主要在该地山间种植，已分产到户，管护状态一般。

（四）文化价值

蓝陵古城小镇，即山东省邹城市城前镇，位于鲁西南低山丘陵区，邹城市境内最东部。蓝陵城遗址，为春秋战国时代的

樱桃枝叶

古城，其建筑规模是十分宏大，位于现城前村村北，是济宁市重点文物保护单位，据有关文献资料记载，距今已有两千多年的历史。东汉时，这里已形成占地20hm^{2}的恢宏建筑群，是古蓝陵城的鼎盛时期。蓝陵城也称"康王城"，从《明兖州府图》上，可以查阅到"蓝陵城"的图示和标注。明万历时三年《滕县志古迹志》皆载"蓝陵城，在滕县东北八十里城前集后。城前者，蓝陵城之前也。土人云是康王城，创世无考。"城前因位于古蓝陵城的前面而得名。遗址地貌呈中心略高、四周稍低状，地表散布有大量的古建筑瓦片。

酸樱桃林

酸樱桃树枝干

第三章
浆果类古树

第一节　桑

一、概　述

（一）桑葚的价值

桑葚中含有丰富的人体必需的多种功能成分，具有极高的营养价值。据测定，鲜桑葚中含有大量水分，此外还含有多糖、游离酸、粗纤维、蛋白质及维生素、氨基酸等。桑葚中还含有丰富的生物活性物质，它们具有很好的保健功能，备受人们的青睐。目前，桑葚中分离检测出的化合物多达150多种，其中主要为白藜芦醇、黄酮类和多糖等。1993年，桑葚被国家卫生部列为"药食同源"农产品之一，它具有补肝益肾、润肠通便、抗衰老、降糖降脂等药理作用，被称为"最佳保健圣果"。

桑葚入药，始载于唐代的《唐本草》。中医认为，桑葚味甘性寒，入心肝、肾经，有滋阴补血作用，并能治阴虚津少、失眠等。另据许多古典中医文献记载：利五脏关节，通血气，安魂镇神，降压消渴，令人聪目，变白不老，解酒毒等功效。现代医学临床证明，桑葚有很好的滋补心、肝、肾，及养血祛风的功效。对降脂和减轻神经衰弱、动脉硬化、耳聋眼花、须发早白、内热消渴、血虚便秘、风湿关节疼痛具有显著疗效。美国约翰·佩珠托领导的研究小组实验

古桑树群1

发现，桑葚还有抗肿瘤物质白藜芦醇，有抗癌作用。药理研究表明：桑葚入胃能补充胃液的缺乏、促进胃液的消化，入肠能促进肠液分泌，增加胃肠蠕动，因而有补益强壮之功效。

（二）桑葚的起源及发展现状

桑葚是桑科（Moraceae）桑属（*Morus*）多年生木本植物桑树成熟果穗的统称，又名桑椹、桑果、桑枣、桑乌、桑椹子，颜色呈紫黑色或玉白色，长椭圆形，鲜食甜中略酸。桑葚除了鲜食外，多被加工成果汁、果酒、果脯、果酱、果干和果醋等。

我国是桑树生产的发源地，据文献记载和文物考证，我们的祖先早在5 000年前的新石器时代就开始种植桑树。在殷商时代的甲骨文中，已经多处出现桑字。《诗经》中记载了桑树的人工栽培，《卫风·岷》中写到"桑之未落，其叶沃若。于嗟鸠兮，无食桑葚"。司马迁曾在《史记·货殖列传》中记载："齐带山海，膏壤千里宜桑麻，人民多文采布帛鱼盐。"近年来，桑树在江苏、浙江、四川、安徽、山东、陕西、湖北、江西、广东、广西、云南、贵州、福建、河北、甘肃、宁夏、新疆、辽宁、北京等26个省（自治区、直辖市）均有栽植。从地域上看主要分布在东北地区、太湖地区、珠江流域、黄河下游流域、长江中下游、四川盆地、黄土高原、新疆地区等。四川南充、西充、三台、盐亭等县以及山东夏津县年产桑葚在百万斤左右。陕西省桑园面积已达6 666.7hm²，广东在佛山、番禺、韶关等地建立了近万亩桑园，在北京大兴安定镇也有千亩桑园。

为真实反映我国蚕桑生产发展的历程，农业部种植业管理司组织编写了《新中国60年蚕桑生产情况资料汇编》。总结分析了我国1950年以来60年间的蚕桑产业发展历程及其特点。1950—2010年我国桑园面积经历两个阶段的明显变化：1995年以前，桑园面积略有起伏，但总体上呈持续增大趋势，具体来说，桑园面积由1950年的14.91万hm²增加到1995年的126.91万hm²。1996年桑园面积骤降至92.11万hm²，后逐年递减，2000年桑园面积为72.147万hm²，后开始缓慢增加，2002—2010年基本稳定在80万~90万hm²。

经过长期的自然选择和人工驯化，形成了极为丰富的桑树种质资源，全国各地保存的种质达到了3 000余份。目前，桑树科研工作者已从我国丰富的种质资源中选育出60余份综

古桑树群2

合性状优良的品种，如雅安3号、大白葚、长青皮、新疆药桑、白格鲁、陕桑408、白玉王等。具有较高果用价值的果桑主要包括白桑葚、黑桑葚和紫桑葚3种，其中以白桑葚为主，占80%～90%，其次是黑桑葚，占10%，紫桑葚很少。

古桑树群3

山东是传统桑蚕业发达的地区。《谷梁》《管子》《左传》等古书中有不少齐、鲁两国同桑蚕有关的故事，据此可以推测，春秋战国时代山东桑蚕业相当发达。山东桑树统称"鲁桑"。《齐民要术》一书中载有"桑有黑鲁、黄鲁之分"。《蚕桑萃编》亦曾记述"鲁桑为桑之始"。可见鲁桑品种在桑树演化中具有重要作用。山东古桑树主要集中保存在德州夏津黄河故道古桑树群和滨州无棣千年古桑园内。

（三）桑的植物学特性

桑科植物多为乔木、灌木，有时藤本，稀为草本，有刺或无刺，有或无乳状液。单叶互生或对生、全缘、具锯齿或分裂；托叶早落。花小，单性，异株或同株，雌雄花常密集为头状花序、聚伞花序、荑荑花序。花序托开张或封闭，有或无花被，无花萼和花瓣之分；雄蕊与花被片同数且与彼等对生，通常4，稀1～8。花丝在花蕾时内折或直立，有或无退化雌蕊，子房上位至下位，或陷入花序轴内，花柱2或为1，柱头2裂或不

葚果

裂，子房1～2室，每室有胚珠1颗，倒生或弯生，柱头1～2。果为核果或瘦果，分离或与花序轴合生，形成聚合果，种子有或无胚乳，子叶褶叠、对称或不对称，胚根长或短，弯曲或直立。叶表皮下有或无钟乳体。喜温暖湿润气候，稍耐荫。气温12℃以上开始萌芽，生长适宜温度25～30℃，超过40℃则受到抑制，降到12℃以下则停止生长。耐旱，不耐涝，耐瘠薄。对土壤的适应性强。

（四）山东桑文化

蚕桑文化是中华农耕文明的半壁江山，长期以来曾是从事这种手工业的唯一国家。也有人认为丝绸或许是中国对于世界物质文化最大的一项贡献。

蚕桑文化是中国农耕文化的重要标志，对中国的农业发展以及农耕观念具有十分重要的影响。蚕桑文化形成的地理环境是东亚大陆得天独厚的地理生态条件；蚕桑文化植根的经济环境是自给自足的自然经济模式；蚕桑文化根植的社会结构形态是以家庭为基本细胞的宗法制社会。在这样的环境中，先民遵从"日出而作，日落而息，凿井而饮，耕田而食"，百姓"衣食为先"，农桑、田蚕、耕织并重，"耕读传家"，世世代代繁衍在东亚这块大地。历代统治者治国无不农桑并重，倡导"农者，食之本；桑者，衣之源""奖劝农桑，教民田蚕""帝亲耕，后亲蚕""一夫耕，一妇蚕""农事伤，饥之本""女红害，寒之源"等观点深入人心，达成官民之共识。同时蚕桑文化对于中国的礼教文化也有十分深远的影响。《尚书·益稷》载舜、禹古代圣贤论"十二章"丝绸服饰图案，形成"垂衣裳而天下治"的礼教文化源头，蚕丝服饰成为等级文化的重要外在标志，并形成了一个祖先、一种权力、一个核心的特殊礼治政体；《吕氏春秋·上农》中"帝亲耕、后亲蚕"的"先蚕礼"，及《礼记·月令》中"季春之月，后妃亲躬东乡蚕桑，以劝蚕事，分茧称丝以共郊庙之服"等"劝课农桑"的农政思想，体现了统治者对于蚕桑的重视程度；《蚕织图》描绘饲蚕、缫丝、织绸的生产过程，配以精美的图文和朗朗上口的诗歌，成为融艺术、技术于一体的教育百官及百姓栽桑养蚕的重要图谱，是统治者"为政以德"思想的实施。

二、滨州无棣千年桑葚

（一）起源与分布

1. 地理位置　桑树王位于滨州市无棣县车王镇崔王孟村千年古桑园内，旁边为桑王后。H=6m，E=117°37.4707′，N=37°53.1793′。

2. 起源　据记载，最早的桑树栽植于隋代初年。千年桑王为古桑园内最大的一棵桑树，虽历经沧桑仍枝繁叶茂。

3. 分布与生境

千年古桑树群共有桑树2 000余株，其中千年以上桑树近300余株，约成林于

千年桑王牌

隋炀帝年间，分布在26.6hm²的土地上，是鲁北地区仅存的一处古桑树群。该地区属北温带东亚季风区大陆性气候，四季分明，干湿明显。春季多风干燥，夏季湿热多雨，秋季天高气爽，冬季长而干寒。

（二）植物学特性

桑树王树姿开张，树体直立，高9.5m，主干1.7m，冠幅东西14.5m，南北13.5m。桑王后树姿开张，生长势强，高9.2m，主干1.5m，冠幅东西13.9m，南北12.7m。桑树叶片呈宽卵形，绿色，花单性，雌雄异株，雌、雄花序均排列成穗状柔荑花序，腋生。果为瘦果，多数密集成长圆形的聚合果，初熟时为绿色，成熟后为乳白色，带紫晕，味甜汁多，品质佳。4月底开花，5月底6月初成熟。

桑树王

桑树王侧面

（三）保存现状

在滨州市无棣县车王镇千年古桑园较好保护起来，管护单位：千年古桑园管委会。

（四）文化价值

1. **桑葚为粮救燕王**　建文元年（1399）燕王朱棣发动靖难之役，攻打山东时，遭到抵抗，全军溃败，没有任何食物，眼看就要全部饿死，发现了这片桑林，就吃桑葚充饥，燕王和士兵吃了后神清气爽，走出了困境。因此有棵桑树就叫做"救驾桑"。

2. **徐福东渡打尖**　徐福东渡为秦

桑树王后

始皇求取仙丹，路过此处在此打尖休息，吃过桑葚，曾有石碑记录过此事。

3.**夫妻树**　明万历四十三年（1615），山东大旱，村里一王姓人家，夫妻俩同老母亲一起生活，由于饥饿，一家人奄奄一息，老母亲更是危在旦夕。为能让老人吃点东西，儿子费九牛二虎之力爬到树林边，想给老人取些树叶和树皮，可由于饥饿再也没爬起来，葬于桑树林里。后来，儿媳继续给老母亲找食物，也因饥饿而亡，与丈夫埋在一起。一年后，掩埋他们的地方连根长出了两棵树，两棵树相依相伴，茁壮成长。村民们为了纪念他们这种侍母至孝、生死相依的精神，给这株树取名"夫妻树"。现在这株夫妻树已成为年轻人美丽爱情的见证，桑树林也成为恋爱约会的好地方。

三、德州夏津颐寿园桑葚

（一）起源与分布

1.**地理位置**　桑树王和双龙树位于德州市夏津黄河故道森林公园颐寿园内，坐落在苏留庄镇西闫庙村。H=3m，E=116°5.8086′，N=37°0.3518′。旁边还有北斗七星和福禄寿喜。

2.**起源**　夏津古桑树源远流长，最早可追溯到元，延续至明清，尤其是在清康熙十三年，即1674年一直到20世纪20年代，这里的百姓植桑

古桑林

热情持续不断，最鼎盛的时期，桑树种植面积高达5 333.3hm²。无边的桑林，树木繁盛，枝杈相连，据说"援木可攀行二十余里"。这一带的老百姓因多食桑葚而长寿，因此这古桑园又叫做"颐寿园"。

3.**分布与生境**　在夏津县3 500余hm²葚果种植园中，古桑树群占地400余hm²，百年以上古桑树达20 128株，其中100～300年（不含300年）的古桑树17 852株，300年（含300年）以上古桑2 276株。在第三次国家文物普查时，被认定为迄今发现中国树龄最高、规模最大的古桑树群。2018年4月19日，联合国粮食及农业组织正式授牌夏津黄河故道古桑树群为全球重要农业文化遗产，全省唯一。该地区属暖温带半湿润大陆性季风气候，四季变化明显，年平均气温12.7℃，冷热、干湿明显。春季干旱多风；夏季光照充足，热量丰富，雨量集中；晚秋经常出现干旱；冬季多北风，干冷、雨雪少。土壤为褐化潮土，保水保肥力强。

（二）植物学特性

桑树王高7.8m，冠幅东西18.6m，南北14.3m，树势开张，三主干开心形。双龙树分别高8.2m和9.1m，冠幅东西分别为17.2m和18.9m，南北分别为14.8m和15.6m。树姿开张，树体直立，开花结果能力强。福禄寿喜四棵树树势开张，高8.5～9.4m，冠幅东西12.4～15.6m，南北13.6～17.2m。北斗七星七棵树树体高大，树姿开

古桑树群石碑

张，多呈开心形。树高5.6～9.8m，冠幅东西11.8～14.5m，南北10.2～13.9m。

桑树叶片呈宽卵形，绿色，花单性，雌雄异株，雌、雄花序均排列成穗状葇荑花序，腋生。果为瘦果，多数密集成长圆形的聚合果，初熟时为绿色，成熟后为乳白色，带紫晕，味甜汁多，品质佳。4月底开花，5月底6月初成熟。

（三）保存现状

在德州市夏津县黄河故道森林公园颐寿园内较好保护起来，管护单位：黄河故道森林公园管委会。

（四）文化价值

1. **双龙树**　千年古桑，神奇地呈现出"双龙争雄"的架势，横卧在地上。这两棵树为"腾龙树和卧龙树"，树龄约1 500年，两树一腾一卧、一静一动，漆黑的树干支撑着厚厚的一层一层的用枝叶连成的洞天，即使被雷击成两半，生命力依然非常顽强，风霜吹不倒，烈日晒不枯，新枝绽放嫩芽，茁壮成长。

2. **福禄寿喜**　这四棵古桑树生长在古桑云集的核心区域，是整个园区古桑中的鼻祖，被恭称为"福禄寿喜"四大神树。福禄寿喜是天界中分别掌管"降福施祥、功名利禄、长命百岁、吉祥如意"的四神，为老百姓所喜闻乐道。

3. **北斗七星**　这七棵古桑树排列仿佛"北斗七星"状，称为"北斗七星"古桑林。北斗七星是大熊星座七颗明亮的星座，我国古代分别把他们称作：天枢、天璇、天玑、天权、玉衡、开阳、摇光，他们为这颐寿园守护千年，见证了园子的沧桑兴衰。

4. **蔡顺拾葚**　西汉末年，有位年轻人叫蔡顺，自幼丧父，与母亲相依为命。有一年，收成不好，他就出门摘拾葚果给母亲吃，路上遇到了赤眉军。赤眉军本想抢劫蔡

顺，看到他将摘拾的葚果分成两个篮子盛装，便好奇地问他原因。蔡顺说："白色的葚果已经成熟了，味道比较香甜，是给母亲吃的；青涩的葚果尚未成熟，还有酸味，是给自己吃的"。赤眉军深为蔡顺的孝心所感动，送给他白米三斗和一头牛以怜悯他的孝心。这是中国著名二十四孝故事之一。

古桑枝叶

在夏津县黄河故道森林公园的颐寿古葚园内，有三株树围巨大，树龄均在千年以上的古桑树。三棵树比邻而居，形象各异。最南边一棵树干挺拔，郁郁葱葱；中间一棵虽然枝叶茂密，但树干中间因经历雷击早已劈做两半；最北面的一棵最为奇异，整个树干卧在地上，身上已成焦炭状，但仍然是果实累累。这三棵古桑，最南面这棵被称为"巨龙桑"，中间这棵被称为"腾龙桑"，最北面这棵被称为"卧龙桑"。关于他们的来历，在当地还流传着一个故事。

前602年，黄河在淇河、卫河合流处决口，在夏津行水613年，于11年改道。当时，大河内有个老龙王，他有三个儿子，大太子叫翀灵，二太子叫靖康，三太子叫佑卫。三个龙太子经常化作人形，到附近的村庄里游玩、饮酒，每每喝的酩酊大醉，沉睡数日，以致大河改道时，三个龙太子因为沉醉，没有随老龙王迁徙。

洞中方一日，世上已百年。不知不觉他们弟兄三个在人世间已经生活了几百年。这片土地也由于沙河经过，形成了独特的自然资源，满目翠绿，遍地花香。在这期间，三个龙太子分别恋上了丛林中的梨花仙子、桃花仙子和杏花仙子。他们朝夕相伴，如胶似漆，情意绵绵。闲暇时采来葚果，贮存在瓦罐内，经过发酵后成为香甜可口的美酒。三对恋人每天喝过酒后就在沙滩上翩翩起舞，吟诗作赋，赓歌相酬。

老龙王几次下旨召他们回去，他们因为留恋这片土地和自己的心上人，迟迟不愿离去。无奈何，老龙王只好亲自来催促他们，三个龙太子正醉卧在这金丝毯一样柔软的沙滩上，对老龙王得严厉呵斥置若罔闻。老龙王大怒，运动法力，迸出三道雷电，老大翀灵最先看到闪电，就地一滚，没有被击中；老二靖康听到雷声，急忙起身，正被雷电击中头顶；老三佑卫实在醉得不省人事了，没有来得及动身就被雷电击中了身体。后来这三个太子就化成了三棵桑树，永远在这里守护着自己的恋人，而三个花仙子也常常围绕在他们身边，为他们送上浓郁的芬芳和酒香。直到现在，那位仍然醉意朦胧的三太子，伏在地上，还在举着酒杯对你说：醉卧沙场君莫笑，留恋美景不愿归。据当地人讲，夜深人静的时候，附近的人还能够依稀看到他们在月光下的舞姿，还能听到他们的窃窃私语。年轻人也把三株巨树尊称为"爱情树"，多来此地谈情说爱、相会恋人，祈求爱情和美、婚姻幸福。

桑树林　　　　　　　　　　　　　　　　　桑树王

四、济宁孔庙桑葚

（一）起源与分布

1.**地理位置**　桑树位于济宁曲阜市孔庙园内。H=63m，E=116°59.4397′，N=35°35.8161′。

2.**起源**

孔庙是首批全国重点文物保护单位，是历代祭祀孔子的地方。孔庙内的桑树为保护古树，具体起源不详。

3.**分布与生境**　桑树生长在曲阜市孔庙内，环境适宜，长势良好。曲阜属暖温带季风大陆性气候，具有四季分明、光照充足、春秋季多旱、夏季多雨、冬季干冷少雪的特点。土壤为褐土，通气透水性、保水保肥能力强。

（二）植物学特性

桑树树体直立，高9.2m，主干2.8m，冠幅东西16.3m，南北14.9m。叶片呈宽卵形，绿色，花单性，雌雄异株，雌、雄花序均排列成穗状菜荑花序，腋生。果为瘦果，多数密集成长圆形的聚合果，初熟时为绿色，成熟后为乳白色，带紫晕，味甜汁多，品质佳。4月底开花，5月底6月初成熟。

古桑树

（三）保存现状

在济宁曲阜市孔庙内较好保护起来，管护单位：孔庙管委会。

（四）文化价值

孔子周游列国时到郯国，在城北十里铺遇到晋国的学者程琰本，"倾盖而语，终日甚亲"，两人的车盖都倾斜了。谈论礼乐诗歌难舍难分，一直到桑树影子移动了位置，最后赠送绢帛表示情谊，为离别而悲伤。据《孔子家语》记载：孔与程子临别时，谓子路曰："取束帛以送先生"。

古桑树牌

第二节 石 榴

一、概 述

（一）石榴的价值

石榴的药用价值极高，据记载已经有上千年的历史，圣经和罗马神话故事中都曾提到其独特疗效，在唐代《本草拾遗》及明代《本草纲目》中也有记载。长期以来，人们用石榴树皮、叶、花、果实等治疗一系列疾病，石榴作为民间医药在中东、亚洲、南美等许多国家被广泛应用。

石榴汁含有多种氨基酸和微量元素，有助消化、抗胃溃疡、软化血管、降血脂和血糖、降低胆固醇等多种功能。据记载，每天饮用60～90mL石榴汁，连续饮用2周，可将氧化过程减缓40％，并可减少已沉淀的氧化胆固醇。石榴汁是一种比红酒、番茄汁、维生素E等更有效的抗氧化果汁。可防止冠心病、高血压，达到健胃提神、增强食欲、益寿延年的功效，对饮酒过量者，解酒有奇效。石榴汁的多酚含量比绿茶高得多，可起

古石榴树1

到抗衰老和防治癌瘤的作用，对大多数正常细胞没有影响。

石榴皮中含有苹果酸、鞣质、生物碱等成分，有明显的抑菌和收敛功能，能使肠黏膜收敛，使其分泌物减少，故能有效地治疗腹泻、痢疾等症。石榴皮还因含有碱性物质而有驱虫功效。石榴花有止鼻血、吐血及外伤出血作用，外用可治中耳炎，泡水洗眼，有明目的效果。石榴嫩叶有健胃理肠、消食积、助消化，外用可治眼疾和皮肤病。石榴籽在治疗心血管疾病、皮肤癌、前列腺癌、结肠癌、肺癌、乳腺癌和糖尿病等方面有应用前景。石榴干燥成熟的种子具有较高的营养价值和抗菌、抗氧化、止泻等作用。

（二）起源及发展现状

石榴（*Punica granatum* L.）属千屈菜科（Lythraceae）石榴属（*Punica*）落叶果树，该属只有两个种，一种原产于索科特拉（Socotra）岛，是没有栽培价值的野石榴，我国目前广为栽培的石榴属于另一个种。石榴原产伊朗、阿富汗、格鲁吉亚等中亚地区，向东传播到印度和中国，向西传播到地中海周边的国家及世界其他的适生地。在今伊朗东北部高原、格鲁吉亚的山区还保存有大面积野生石榴林，学术界也多认为以上地方是石榴的原产地。

古石榴树2

但根据帛书《杂疗方》中有关石榴的记载，证明张骞出使西域之前，中国已有石榴栽培。我国学者1983年在对西藏果树资源考察时也发现，在我国西藏三江流域海拔1 700～3 000m的察隅河两岸的荒坡上，分布有古老的野生石榴群落和面积不等的野生石榴林，其中无食用价值的酸石榴占99.4%，甜石榴仅占0.6%，有800年以上的大石榴树。三江流域是十分闭塞的峡谷区，古代几乎不可能人工传送石榴，为此有学者认为，西藏东部也可能是石榴的原产地之一。

一般认为，石榴是在汉武帝时沿着丝绸之路传入我国的。先传入新疆，再由新疆传入陕西，并逐渐传播至全国各适宜栽培区，至今已有2 100多年的栽培历史（张骞出使西域的时间是前138—125）。西晋张华《博物志》记载："汉张骞使西域，得涂林安石国榴种以归（涂林是梵语石榴的音译）"。西晋陆机《与弟云书》云："张骞使外国十八年，得涂林安石榴也"。明代王象晋《群芳谱》云："石榴本出涂林安石国，汉张骞使西域，得其种以归"。清代汪灏等著的《广群芳谱》记载："有汉张骞出使西域，得涂林安石榴种以归，名为安石榴"。清陈淏子《花镜》云："石榴真种自安石国，汉张骞带归，故名安石榴"。日本学者菊池秋雄的《果树园艺学》记载石榴于3世纪从伊朗传入印度，再由印度传入我国西藏，由西藏传入四川、云南等地，直至东南亚各国。至今在云南、四川及西藏部分地区盛产石榴。另有学者认为，石榴传入我国的过程并非西域一路，也有从海路引进的，如云南蒙自石榴就是在清代由新加坡附近引入的。

石榴花

近年来，随着消费者对石榴需求量的日益增加，世界石榴产业迅速发展。据最新数据统计，世界上石榴种植总面积有30余万hm^2，总产量高达300余万t。主要的石榴生产国是印度、伊朗、中国、土耳其和美国，这些国家石榴产量占世界总产量的76%。目前，印度、巴基斯坦、以色列、阿富汗、伊朗、埃及、中国、日本、美国、俄罗斯、澳大利亚、南非、沙特阿拉伯等地以及南美的亚热带地区石榴栽培面积广，均已实现商品化。

中华人民共和国成立以来，中国石榴产业发生了翻天覆地的变化，据不完全统计，20世纪80年代初期，中国石榴栽培面积0.33万hm^2，中期增加到0.42万hm^2，90年代初发展到1.33万hm^2，1998年发展到4.2万hm^2，2013年栽培面积达到12万hm^2。果树产量80年代初不足0.5万t，90年代初2.5万t，1998年4.9万t，2013年产量已达到120万t。

1978年以来，石榴科学研究工作在我国各地区得到重视，石榴各主产区先后开展了种质资源的调查、收集、评价与选育工作。石榴品种由1988年的135个增加到2018年的350多个，其间培育了大量品质优良、抗性强的新品种。如河南省的中农红软籽、中农黑软籽、豫大籽、豫石榴1号、豫石榴2号、豫石榴3号、豫石榴4号、豫石榴5号；四川省的大绿子；山东省的水晶甜、红宝石、绿宝石；陕西省的临选1号、临选2号；安徽省的皖榴1号、皖榴2号；新疆的叶城4号、皮亚曼1号、皮亚曼2号。此外，还从国外引进了不少优良品种，如突尼斯软籽、以色列软籽酸，观赏品种榴花红、榴花雪、榴花姣等。

经过长期的自然演化和人工筛选，在全国形成了以新疆叶城、陕西临潼、河南开封、安徽怀远、山东枣庄、云南蒙自、建水和四川会理为中心的几大石榴栽培群体。山东石榴栽培面积达1.2万hm^2，年产量约14万t，品种60余个。主要集中在枣庄市的峰城区、市中区、薛城区和山亭区等地，泰安市的泰山区，济宁市的曲阜市、邹城市、泗水县，德州市的宁津县，临沂市的苍山县、平邑县、蒙阴县，淄博市的淄川区，烟台市的莱州市，青岛市的胶州市、崂山区，等地区有零星分布。主栽品种有大青皮甜、

大红皮甜、大马牙甜、泰山红和大
红袍等。近年选育出优质新品种秋
艳、红宝石、短枝红等，表现出籽
粒大、品质优、抗裂果、早产丰产
稳产等综合优良特性。

古石榴树3

（三）石榴的植物学特性

落叶灌木或小乔木，高可达4～
7m；石榴树主干不明显，不加修剪，
易形成多干，干不光滑。老树干皮
呈灰褐色，片状剥落，树干向逆时针方向扭曲生长，干皮输导能力强，根黄褐色，毛
细根极多，水平根伸展是树冠的1～2倍，垂直根较发达，根系集中在40cm以上，小
枝密生，枝条细软柔韧，不易折断，开始生长的嫩枝有棱，多数为4棱或6棱，木质化
后消失，近圆柱形，嫩枝尖端浅红色或黄褐色，生长旺盛营养枝常发生二次枝或三次
枝，角度较大，与一次枝成直角对生，枝条尖端有针刺。叶片单叶对生或簇丛生，质
厚有光泽，全缘，叶脉网状，叶面光滑无茸毛，叶柄较短。花为两性花，单生或数朵
着生于叶腋或新梢先端呈束状，子房下位，萼筒与子房相连，子房壁肉质肥厚，萼筒
先端分裂成三角形萼片，萼片开张，5～7裂，单瓣，花瓣极薄，有皱褶，一般花瓣数
与萼片相同。萼筒内雌蕊1枚居中，雄蕊多达210～220枚，子房发达上下等粗或腰部
略细。浆果近球形，果皮厚，熟时红色或深黄色；种子多数，有肉质多浆的外种皮。
山东地区花期5～6月，果期9～10月。

（四）山东石榴文化

石榴以其绰约风姿和多种利用价值赢得世人喜爱。也同张骞、武则天、杨玉环、
苏东坡、宋庆龄、周恩来等名人有不解之缘。

相传汉武帝时，石榴女神为报答张骞大旱时的浇灌追随汉人的传说，为石榴引入
我国留下了浓重的神化色彩。

武则天靠着石榴裙征服了唐代两朝天子.并从此登上了女皇宝座。有武则天的诗
《如意娘》为证："看朱成碧思纷纷，憔悴支离为忆君。不信比来长下泪，开箱验取石
榴裙。"武则天离世14年后.她的山西同乡杨玉环受唐明皇之宠而让众大臣"拜倒在
石榴裙下"之典故流传千年，成了崇拜女性的俗语。

"乳燕飞华屋。悄无人、桐阴转午，晚凉新浴。手弄生绡白团扇，扇手一时似玉。
渐困倚、孤眠清熟。帘外谁来推绣户？枉教人、梦断瑶台曲。又却是，风敲竹。石榴
半吐红巾蹙。待浮花浪蕊都尽，伴君幽独。秾艳一枝细看取，芳心千重似束。又恐被、

秋风惊绿。若待得君来向此，花前对酒不忍触。共粉泪，两簌簌。"这是北宋文学家苏轼流传甚广的一首绝世佳作《贺新郎》(亦名《乳燕飞》)。词中，作者把榴花比喻成冰清玉洁却又命薄运蹇、孤独寂寞的佳人，炽热而又万般无奈的愤懑、忧伤的心灵。作者借美人和榴花抒发了自己怀才不遇、孤独寂寞的心情和孤芳自赏、不愿与世俗同流的纯洁高雅品格。

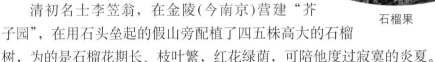

石榴果

清初名士李笠翁，在金陵(今南京)营建"芥子园"，在用石头垒起的假山旁配植了四五株高大的石榴树，为的是石榴花期长、枝叶繁，红花绿荫，可陪他度过寂寞的炎夏。

北京宋庆龄故居至今莳养着1963年周恩来总理、邓颖超同志赠送给宋庆龄同志的石榴树。该树前后历经风风雨雨40多年，枝叶秀丽不变，年年红花夺目。这棵石榴当年栽种在精美的瓷花盆中．每年花开季节总摆在宋庆龄经常活动的场所，供她和客人们共同观赏。现在这棵石榴花冠幅舒展，主干粗如拳头，株高1.2m，以"长在今朝，韵在时年"的风姿述说着伟人之间的深厚友情。

二、济南珍珠泉人大院内石榴

(一) 起源与分布

1. **地理位置**　石榴位于济南珍珠泉省人大常委会院内，H=36m，E=117°1.5439′，N=36°40.0632′。

2. **起源**　珍珠泉大院内石榴树具体起源不详。

3. **分布与生境**　石榴树零星分布于山东省人大常委会院内，长势良好。该地区属暖温带大陆性季风气候，季风明显，四季分明，冬冷夏热，雨量集中。土壤为褐土，土层深厚，质地适中，养分含量较丰富，保水保肥力强，适宜石榴生长。

(二) 植物学特性

石榴树为落叶乔木，树姿开张，

古石榴树1

树高2.8～3.7m，冠幅东西4.6～5.7m，南北2.8～4.3m。主干灰色，树皮丝状裂，一年生枝挺直，红褐色，长度中等。叶长椭圆形，叶长3.4～4.3cm，叶宽1.6～2.1cm，叶渐尖，叶基圆形，浓绿色，叶面平滑，有光泽。叶柄平均长0.2～0.4cm，无茸毛。花红色，花量少，未见坐果。3月下旬萌芽，6月上旬开花，11月中旬落叶。

古石榴树2

（三）保存现状

在济南珍珠泉省人大院内较好保护起来，管护单位：省人大常委会。

（四）文化价值

传说，珍珠泉的串串"珍珠"是当年舜的妃子娥皇和女英的眼泪所化。那年舜远行南方，山东遭受了大旱，娥皇、女英便带领父老兄弟祈雨，但二人膝盖跪出了血，天空没有一丝云影。

姐妹俩又带领大家向龙王要水，众人双手都磨出血泡才挖出一口深井。这时南方传来舜帝病倒于苍梧的消息，娥皇、女英当即启程南行。看着挥泪话别的人们，她们禁不住流下眼泪。泪珠落在大地，冒出汩汩清泉，泉水如同一串珍珠，这就是今天的珍珠泉。后人有诗："娥皇女英异别泪，化作珍珠清泉水"。

石榴花

古石榴树3

古石榴树群

三、青岛崂山太清宫石榴

（一）起源与分布

1.地理位置　石榴位于青岛崂山老君峰下太清宫内，H=7m，E=120°40.3079′，N=36°8.3899′。

2.起源

太清宫始建于西汉建元元年（前140），迄今已有2 150多年历史。是崂山有记载最早的道教祖庭，是崂山历史最悠久、规模最大的一处道观。太清宫内的石榴树有100多年的栽培历史，具体起源不详。

石榴花

3.分布与生境　石榴树零星分布于太清宫内，长势良好。该地区属温带大陆性季风气候，具有雨水丰富，年温适中，冬无严寒，夏无酷暑，气候温和的特点。由于濒临黄海，受海洋的调节作用，又表现出春冷、夏凉、秋暖、冬温、昼夜温差小、无霜期长和湿度大等海洋性气候特点。土质为棕壤土，土层肥沃，质地疏松，适宜石榴生长。

古石榴树

（二）植物学特性

石榴牌

石榴树为落叶乔木，树姿开张，树高2.2～3.4m，冠幅东西3.2～4.1m，南北1.8～3.9m。主干灰色，树皮丝状裂，一年生枝挺直，红褐色，长度中等。叶长椭圆形，叶长3.7～4.5cm，叶宽1.6～2.1cm，叶渐尖，叶基圆形，浓绿色，叶面平滑，有光泽；叶背无茸毛，叶边无锯齿。叶柄平均长0.2～0.3cm，无茸毛。花红色，花量少，未见坐果。3月下旬萌芽，6月上旬开花，11月中旬落叶。

（三）保存现状

在青岛崂山太清宫内较好保护起来，管护单位：太清宫管委会。

四、泰安白马石石榴

（一）起源与分布

1.**地理位置**　石榴位于泰安市泰山区白马石村内，H=213m，E=117°9.0234′，N=N 36°13.4468′。

2.**起源**　白马石村石榴因个大、皮薄、色泽鲜艳光洁、籽粒晶莹饱满而远近闻名，已有500多年的栽培历史，清代为贡品，是历代王朝拜泰山的必备果品，具体起源不详。目前泰安白马石村家家户户种植石榴，面积达33.3hm²，年产量约5万kg，品种有泰山红、胭脂红、金红、大白甜、秋霜等。

石榴果

3.**分布与生境**　白马石村位于泰安城东北部，泰山南麓，距泰安城4km，面积16km²。明代初年形成村落。该村地处山区，峰峦叠嶂，溪水环流，林木茂密，花果满谷，山清水秀，自然风光优美，环境幽雅。属暖温带半湿润大陆性季风气候，四季分明，光照

古石榴树结果

充足，春季风多干燥，夏季炎热多雨，秋季天高气爽，冬季寒冷干燥。土壤为沙质壤土，土质疏松，透气性好，适宜石榴生长。

古石榴树　　　　　　　　　　　　　古石榴树枝干

（二）植物学特性

石榴树均为落叶乔木，树姿开张，多为自然开心形。树高1.8～2.9m，冠幅东西2.1～3.4m，南北1.6～2.5m。主干灰色，树皮丝状裂，一年生枝挺直，红褐色，长度中等。叶长椭圆形，叶长4.6～5.8cm，叶宽1.9～2.4cm，叶渐尖，叶基圆形，新叶绿，成熟叶浓绿，叶面平滑，有光泽；叶背无茸毛，叶边无锯齿，两侧向内微折，无波状，无先端扭曲。叶柄平均长0.4～0.6cm，无茸毛。果实有红色、白色和青绿色，纵径6.8～8.7cm，横径8.9～9.6cm，果面光滑，有光泽，汁液多，风味酸甜适中，味浓郁，品质上等。3月上旬萌芽，5月上旬开花，9月下旬至10月初成熟，11月下旬落叶。

石榴花

（三）保存现状

在泰安市泰山区白马石村内较好保护起来，管护单位：白马石村村委会。

五、潍坊十笏园石榴

（一）起源与分布

1. **地理位置**　石榴位于潍坊市胡家牌坊街中段十笏园内，H=31m，E=119°5.5769′，N=36°42.5169′。

2. **起源**　十笏园是中国北方园林袖珍式建筑，始建于明代。该园最早为明嘉庆时期刑部郎中胡邦佐所建宅院，清代时先后被顺治年间的彰德知府陈兆鸾、道光年间直隶布政使郭熊飞购得。清代光绪十一年，潍县首富丁善宝购得该园并加以精心规划设计，取名"十笏园"。园内的石榴树具体起源不详。

石榴标牌

3. **分布与生境**　石榴树零散分布在十笏园内。该地区属温带季风气候，夏季高温多雨，冬季寒冷干燥，四季分明。土质为棕壤土，有机质和肥力较高，适宜石榴生长。

（二）植物学特性

石榴树均为落叶乔木，树姿开张，树高1.6～2.7m，冠幅东西1.9～4.5m，南北1.6～3.1m。主干灰色，树皮丝状裂，一年生枝挺直，红褐色，长度中等。叶长椭圆形，叶长4.2～5.6cm，叶宽1.7～2.2·cm，叶渐尖，叶基圆形，新叶绿，成熟叶浓绿，叶面平滑，有光泽；叶背无茸毛，叶边无锯齿。叶柄平均长0.3～0.5cm，无茸毛。果实红色，纵径6.3～7.9cm，横径8.5～9.4cm，果面光滑，有光泽，汁液多，风味酸甜适中，味浓郁，品质上等。3月上旬萌芽，5月上旬开花，9月下旬至10月初成熟，11月中旬落叶。

（三）保存现状

在潍坊市胡家牌坊街中段十笏园内较好保护起来，管护单位：十笏园管委会。

石榴花

古石榴树

六、枣庄万福园石榴

（一）起源与分布

1. **地理位置**　石榴位于枣庄峄城区榴园镇王府山村万福园内，H=101m，E=117°29.0515′，N=34°46.3147′。

2. **起源**　据记载是西汉时期，凿壁偷光的匡衡是峄城人，他官至丞相，告老还乡时，向皇帝讨要了一棵张骞从西域引进、种植在御花园里的石榴树，至今已有两千年的栽培历史。

枣庄峄城石榴园内的"石榴王"树龄已有500多年，乾隆皇帝微服私访来到石榴园此棵树下，品尝酸甜清凉，顿觉通体爽快，胃净火消。龙颜大悦随口赞道"奇也，天下榴树，为此独尊，乃石榴王也"。笔者调查时，石榴王已经枯死，不存在了，已被果农栽上了新的石榴树，石碑还在。

古老的石榴树都保存在万福园内。万福园是冠世榴园的500余万株石榴树的发源地，也是榴园原始风貌保存最为完好的精华所在地。里面石榴树的具体起源不详。

3. **分布与生境**　万福园占地72hm^2，拥有石榴品种43个，从2001年起一直稳坐世界吉尼斯纪录的第一的交椅。园中山泉与殿宇辉映，奇石与古树共生；如意湖储存滴水阁的甘露，青龙溪承载龙凤泉的清流；恩赐泉使石榴裙分外娇美，榴花女对石榴娃慈爱有加；龙凤山上，祈福殿和祈子殿巍峨矗立；情人谷里，连心锁使浪漫情爱地久天长；朴实刚毅的石榴树，诉说两千年的历史；灵动娇艳的石榴花，孕育沉甸甸的希望。

该地区属暖温带季风性气候区，四季分明，季风明显，雨热同季，降水较为充沛，年平均降水量872.9mm。土壤为中壤质褐土，土层深厚，土地肥沃，适宜石榴树生长。

古石榴树1

古石榴树2

古石榴树3

古石榴树4

（二）植物学特性

古石榴树均为落叶乔木，树姿开张，多为自然开心形。树高2.2～3.1m，冠幅东西2.9～3.6m，南北1.9～2.6m。主干灰色，树皮丝状裂，一年生枝挺直，红褐色，长度中等。叶长椭圆形，叶长4.9～6.1cm，叶宽2.2～2.6cm，叶渐尖，叶基圆形，新叶绿，成熟叶浓绿，叶面平滑，有光泽；叶背无茸毛，叶边无锯齿，两侧向内微折，无波状，无先端扭曲。叶柄平均长0.6～0.8cm，无茸毛。果实有红色、

石榴果

白色和青绿色，纵径7.2～9.5cm，横径9.3～10.2cm，果面光滑，有光泽，汁液多，风味酸甜适中，味浓郁，品质上等。3月上旬萌芽，6月上旬开花，9月下旬成熟，11月中旬落叶。

（三）保存现状

在枣庄峄城区榴园镇王府山村万福园较好保护起来，管护单位：万福园管委会。

（四）文化价值

1. **滴水阁**　匡衡幼年家贫，却渴望读书，但东家规定他只能在雨天读书。天道酬勤，老天爷命令司雨龙王不停地在匡衡的屋顶上降雨，屋檐上始终有水珠滴落，匡衡顺从天意熟读经书，成为著名的经学家，官位做到丞相。

石榴花

2. **百子园**　是祈子的地方，石榴仙女化身为石榴娘娘，她有求必应，使希望生子的人心想事成。万福园里的孩子，号称有100个。来求子的人，如果找到100个孩子，回去就能怀孕。

3. **石榴仙女**　乾隆微服私访石榴园，向榴花仙女求爱。仙女说，清军入关时，曾经许诺，不选汉家女为妃子。说罢，脚下生出祥云，飘向空中，降落到这里；乾隆皇帝若有所悟，来到仙女面前忏悔，发誓要做一个励精图治的明君。

4. **恩赐泉**　常年不干，据说，乾隆皇帝下江南的时候，路过这里，喝过恩赐泉的水。有民谣唱道：乾隆下江南，路过石榴园，食过树王籽，饮过恩赐泉。

5. **丞相树**　汉武帝年间，丞相匡衡把上林苑的石榴树带到家乡栽培，并亲手种植了这株石榴树，历经2 000多个寒暑，它依然枝繁叶茂，后人称之为丞相树。

6. **望福亭** 福的本意是，通过祷告向天地神灵祈福。龙山的向阳坡上，有一个亦隶亦楷的天然福字，昭示着万福园里福星高照，洪福齐天。

7. **祈福殿** 石榴是福文化的载体，是多子多福、和睦相处、健康长寿的象征。为此，万福园的设计者，借鉴祈年殿的思路，在龙山上兴建了祈福殿，供游客来这里祈福。

8. **将军树** 岳飞北上抗金途中患眼疾，到青檀寺的金界楼上养眼，康复后北上誓师大会是在这颗石榴树下举行的，后人为纪念岳飞将军，称这株石榴树为将军树。

石碑

石榴之王石碑

第四章
坚果类古树

第一节 核 桃

一、概 述

（一）核桃的价值

核桃又名胡桃，与扁桃、榛子、腰果并称世界四大干果。《太平御览》中有"胡桃本生西羌，外刚内柔，质似古贤，欲以奉贡"。藏族古称为羌人，故核桃称之为羌桃。核桃除果仁可食用外，全身都是宝，医学典籍记载有核桃花、核桃叶、核桃枝等都可入药。

国内外大量研究报道证实核桃仁的营养成分丰厚，含有较多的优质蛋白、不饱和脂肪酸且不含胆固醇，以及多种维生素。此外，其磷脂含量较高，每100g 核桃仁中总磷脂含量为438.46～528.85mg，并含有少量矿物质（如铬、锰、硒等）、维生素 K、维生素 E 等。核桃仁富含人体必需的脂肪酸，是优质的天然"脑黄金"。核桃脂肪酸的具体组成为亚油酸63.0%、油酸 18.0%、α-亚麻酸9.0%、棕榈酸约 8.0%、硬脂酸 2.0%、肉豆蔻酸 0.4%，其中，不饱和脂肪酸（即亚油酸、亚麻酸及油酸的总量）高达90%，其亚油酸含量为普通菜籽油含量的3～4倍，亚麻酸是 ω-3家族成员之一，也是组成各种细胞的基本成分。

核桃是益智健脑、预防心血管疾病、乌发美容和益寿的天然保健食品。

古核桃树

据《本草纲目》记载，核桃味甘性平，具有治肺润肠，调燥化痰，补气益血的疗效。核桃还对记忆功能衰退、神经衰弱等病症有一定的治疗效果，《食疗本草》中核桃有"通筋脉，润血脉，常服骨肉细腻光滑"的记录。儿童、青少年多食核桃益于骨骼发育，强身健脑，保护视力；青年人经常吃核桃可使肌肤光润，身形健美；中老年人常吃核桃可益智延寿，保心养肺。

（二）起源及发展现状

长期以来，人们一直认为我国核桃为西汉时张骞从西亚、东欧引入，这种说法均源于西晋时张华所著《博物志》中"张骞使西域还，乃得核桃种"的记载，至今有2 140年历史。相传张骞从西亚的伊朗、印度带回核桃后，先栽植于京都长安御花园，由于气候不适，后移植至秦巴山区，逐渐扩散到北方广大地区。李时珍在《本草纲目》中称："此果本出羌胡，汉时张骞出使西域始得种还，植之秦中，不适。渐及东土，故名之"。

中华人民共和国成立以来，我国核桃产业得到较快发展，1949年之前产量不足5万t；20世纪50年代中期全国核桃产量上升到10万t左右；60年代产量下降至4万~5万t；70年代产量回升至7万~8万t；近20多年来一直在稳步增长，发展速度较快。近几年来，基于核桃的营养成分和经济价值，中国核桃种植面积每年在以10%的速度增长，目前正处在前所未有的发展阶段，预计2020年核桃种植面积将达到267万hm²，届时产量将达300万t。

山东省气候条件适宜，核桃资源丰富，栽培核桃的文字记载最早见于《齐民要术》，但核桃当时不是北方的重要果树。大概到明代，核桃才成为山东的主要果树之一，有"胡桃出齐、兖、青三郡，青州为佳"之说。据《中国实业志》（1934）记载，当时山东有19个县主产核桃，年产量2 000t，年出口500t。1949年前，山东核桃株树减少，产量下降。1950年产量仅为640t。20世纪60年代，由于各级政府把核桃作为重要的木本油料果树予以重视，1965年山东核桃产量恢复到2 010t，1996年增至8 244t。1987年，第一批早实、丰产、优质良种核桃开始推广后，产量逐年增长，2005年达到2万t以上，从全国第11位上升至第8位。据国家林业局统计，2011年山东核桃产量为7.3万t，至2013年核桃产量增至10.04万t，位居全国第7位。

古核桃树

20世纪60年代，山东核桃栽培的

范围比较集中，包括以泰山为中心的泰安、历城、长清、肥城、东平、新泰、莱芜、章丘等地；以鲁山为中心的青州、临朐、沂源、沂水等地和以尼山为中心的平邑、费县、滕州、邹城、枣庄、苍山等地。2008年张美勇等依据核桃不同品种类型的生长结果习性及各地的气温、日照、土壤、降水等自然因素，将山东核桃栽培区域划分为6个产区，分别为：鲁中山地区，即山东中心地带的泰沂山区，包括济

核桃果

南、淄博两市的胶济铁路以南部分，莱芜市及泰安市（除东平外）全部和潍坊市的临朐，以及青州的南部山区，是山东省重要的干果产区；鲁南山丘区，为鲁中山地以南，津浦铁路以东，以沂水、蒙山山背为分水岭，地势西北高，逐渐向东南缓降，中部为丘陵，南为平原，包括临沂与枣庄两市的全部，济宁市的曲阜、泗水与邹城；胶东丘陵区，包括威海、烟台、青岛三市全部，日照市区及五莲县，诸城市的东南部山区；胶潍平原区，包括潍坊市的寒亭、坊子、寿光、昌乐、高密及青州与诸城的北部和平度西南部的平地；鲁西南平原区，包括菏泽、济宁市津浦铁路以西的绝大部分以及泰安市的东平；鲁西北平原区，包括聊城、德州两市全部和滨州市的阳信、惠民、滨州、博兴、无棣的一部分，以及济南市的济阳和淄博市的高青。

　　1978年山东省果树研究所开始了核桃人工杂交育种工作，1989年选育出香玲、丰辉和鲁光，成为中国第一批人工杂交核桃新品种。1995—2002年先后选育出早实核桃新品种鲁香、鲁丰、岱丰、鲁核1号、鲁核1号和鲁核1号，成为中国第一批果材兼用型核桃新品种；2003年选育出岱香和岱辉2个品种，成为中国第一批矮化紧凑型核桃新品种。2007—2012年相继选育出鲁果2号、鲁果3号、鲁果4号等鲁果系列新品种。2015年选育出优质丰产型品种硕香、玉香及避晚霜型品种秋香。山东省林业科学研究2008年选育出避晚霜型品种元林和材果兼用型品种青林，2010—2014年年选育出鲜食品种绿香、日丽、鲁青、奥林，2015年选育出强丰、丰硕、美黑K5等美黑系列核桃新品种。这些优良品种已在山东省内外得到推广，解决了山东省核桃优良品种缺乏的问题，扩大了山东省核桃的栽培面积，提高了产量，增加了效益，逐渐推进了山东省核桃的品种化栽培。

　　（三）植物学特性

　　落叶乔木。一般树高10～20m，最高可达30m以上，寿命可达一二百年，最长可达500年以上。树冠大而开张，呈伞状半圆形或圆头状。树干皮灰白色、光滑、老时变暗有浅纵裂。枝条粗壮，光滑，新枝绿褐色，具白色皮孔。混合芽圆形或阔三角形，隐芽很小，着生在新枝基部；雄花芽为裸芽，圆柱形，呈鳞片状。奇数羽状复叶，互

生，小叶5～9片，复叶柄圆形。小叶长圆形，倒卵形或广椭圆形，具短柄，先端微突尖，基部心形或扁圆形，叶缘全缘或具微锯齿。雄花序柔荑状下垂，长8～12cm，花被6裂，每小花有雄蕊12～26枚，花丝极短，花药成熟时为杏黄色。雌花序顶生，小花2～3簇生，子房外面密生细柔毛，柱头两裂，偶有3～4裂，呈羽状反曲，浅绿色。果实为核果，圆形或长圆形，果皮肉质，表面光滑或具柔毛，绿色，有稀密不等的黄色斑点，果皮内有种子1枚，外种皮骨质称为果壳，表面具刻沟或皱纹。种仁呈脑状，被黄白色或黄褐色的薄种皮，其上有明显或不明显的脉络。

（四）山东核桃文化

山东核桃古树资源较少，主要分布在山东泰安周边，在岱岳区下港镇木营村有棵最大的核桃树，成为"核桃王"，树龄300余年。核桃除鲜食和药用以外，中国还有特殊的核桃文化——"文玩核桃"。

古时称揉手核桃，追溯起来，它起源于汉隋，流行于唐宋，盛行于明清。在2 000多年的历史长河中盛传不衰，形成了世界独有的中国核桃文化。经常在古装电视剧中，看到主人公或达官显贵手中一手提笼架鸟，一手盘着核桃。现在也经常在晨练老人手中看到一对在手中把玩的核桃，这也是我们中国一种独有的锻炼方式。文玩核桃大小适中，携带方便，手中的核桃随着时间的流逝而出现颜色及质地的变化，其变化越大欣赏价值和文化价值越高。文玩核桃的价值跨度比较大，从几元钱到几万元都有，可以满足各个收入水平的人群需要。也正因如此，现在越来越多的人

核桃叶

开始关注文玩核桃。文玩核桃历史悠久，起初核桃因其丰富的营养价值被人们使用和药用。古代就认定核桃是养生佳品。核桃的吃法众多，后世更赞其为长寿果。玩核桃的人最初的目的是强身健体，揉核桃能延缓机体衰老，对预防心血管疾病、避免中风有很大作用。手疗核桃，也叫健身核桃，又称掌珠。古往今来，上至帝王将相，才子佳人，下至官宦小吏，平民百姓，无不为有一对玲珑剔透、光亮如鉴的核桃而自豪。

二、泰安下港核桃王

（一）起源及分布

1.地理位置 "核桃王"位于泰安市岱岳区下港镇木营村，清道光年间栽植，距

今近300年，原并行植三株，在20
世纪70年代损坏两株，现余存一
株。H=701m，E=117°18.34′，N=
36°26.17′。

2.**起源**　清道光年间栽植，距
今近300年。1985年林业普查时，
认定该树为泰山周边"最大、最
早、年产核桃干果最多"的核桃
树，遂称之为"齐鲁核桃王"。

3.**分布及生境**　泰安市岱岳区

核桃王古树名木牌

下港镇地处五岳之尊-泰山东麓，与泰山一脉相连，山山相依，溪溪相通，北与济南市
历城区、章丘市相连，东与莱芜市相接，南与泰安市岱岳区黄前镇、祝阳镇为临。平
均海拔600m以上，镇域林木植被覆盖率84%，高的达95%之多，用"七山一水二分
田"来划分该镇的地容地貌是最恰当不过了。千山万壑、松涛阵阵，空气清新、天然
氧吧，气候宜人、鸟语花香，是下港镇的真实写照。属暖温带大陆性半湿润季风气候，
春夏秋冬四季分明，年平均降水量850mm，全年平均气温11.8℃，最热月平均23.1℃，
最冷月平均气温-3.5℃，全年日照平均2 678h，无霜期200d。

（二）植物学特性

"核桃王"主干胸径0.93m，高
20m，冠幅东西18m，南北25m，主干
分四大主枝、主枝各分1～2个大侧枝，
树冠遮阴面积大，足有667m²，盛果期
可年产干果250kg。树冠大而开张，呈
伞状半圆形，树干皮灰白色、光滑、老
时变暗有浅纵裂。枝条粗壮，光滑，新
枝绿褐色，具白色皮孔。果实为核果，
圆形或长圆形，果皮肉质，表面光滑或
具柔毛，绿色，有稀密不等的黄色斑

核桃王石刻

点，果皮内有种子1枚，外种皮骨质称为果壳，表面具刻沟或皱纹。种仁呈脑状，被
黄白色或黄褐色的薄种皮，其上有明显或不明显的脉络。

（三）保存现状

"泰山核桃王"现已成为当地的重点保护对象，更是外地游客前来观光旅游必到留

影的"盛景"。

（四）文化价值

核桃去皮后极像人的大脑，它不仅温肺补肾，对哮喘咳嗽、肾虚腰痛等病有明显的疗效，最重要的是对人的脑神经系统有不可替代的滋补作用。关于核桃有一个美丽的神话传说：

泰安岱岳区下港核桃王

有一年，卢氏发生了瘟疫，神医扁鹊带着弟子到玉皇山采药，灵芝、天麻、枣皮、金银花都采到了，独独少了最主要的一味药——核桃。弟子子阳建议：进瓮潭沟，向住在瓮城瀑布上面瑶池旁边的西王母讨要。

扁鹊来到瓮潭沟口，被西王母的丫鬟杜鹃挡了驾。说七仙女们正在瓮城瀑布戏水，请君稍待片刻。又等了一会儿，杜鹃说，仙女们转移到上面瑶池去了，请君入瓮吧。瓮潭沟口小肚子大，生得真是像个瓮。扁鹊进到沟里一看，两边山坡上尽是中草药：杜仲、辛荑、山茱萸、连翘、梭椤，就连溪水里游来荡去的甲鱼、大鲵等，都可用于救死扶伤，也是上好的补品。扁鹊走到瀑布前，只见几十米高的瀑布像长空白练，从半空中咆哮而下，在高耸的崖壁间发出嗡嗡的回声。扁鹊正在为瓮城瀑布的壮丽景观惊叹不已，这时杜鹃送来了核桃种子，并且告诉他，这一个核桃救不了多少人，不如把它种在沟口，经王母娘娘一点化，马上就能长成大树，就能结许多核桃。扁鹊走到沟口，按杜鹃的说法把核桃埋进土里，眨眼间，面前便长起一棵大树，并且结了无数的核桃。扁鹊就用这棵树上的核桃作药引子，救活了无数的人，最终消灭了瘟疫。后来，卢氏人就不断地到这儿采种育苗，使全县百姓们的房前屋后、沟旁渠边到处都长着核桃树，让它一年又一年、一代又一代地向人们奉献着荫凉和硕果。

三、临沂费县核桃峪核桃

（一）起源及分布

1. **地理位置** 费县马庄镇核桃峪有核桃树近万亩，村民主要以种植核桃为主。最大一株"核桃王"古树位于费县马庄镇大寨村北山口村后，清代栽植，距今近300年，原种植两株，现余存1株。H=206m，E=117°55.453 9′，N= 35°10.437 9′。小湾村里也有几株较大的古树。

2.**起源** 大寨村"核桃王"清道光年间栽植，距今近300年。2013年费县林业普查时，认定该树为该镇核桃王。附近小湾村核桃古树也有近百年历史。

3.**分布及生境** 大寨村、小湾村等均处于核桃峪附近，该地属于芍药山万亩核桃园旅游区，全村以种植核桃为主。马庄镇在尼山山脉腹地，属青石山区，涑河河流自西向东穿过本镇是费县最早的七个建制镇之一。属大陆季风气候，四季分明，年降水量为856mm。

古树石碑

（二）植物学特性

核桃王主干胸径0.56m，高7m，冠幅东西7m、南北6.5m，枝干部分遭虫害，已部分空心。树冠开张，呈伞状半圆形。树干浅纵裂。枝条粗壮，新枝绿褐色，具白色皮孔。果实为核果，圆形或长圆形，果皮肉质，表面光滑或具柔毛，绿色，有稀

古核桃树

密不等的黄色斑点，果皮内有种子1枚，果壳表面具刻沟或皱纹。该树保护状况一般，树势下降，少量结果。小湾村古核桃树高8m，胸径0.56m，冠幅10m，长势良好，能正常开花结果。

（三）保存现状

核桃古树已分产到户，部分古树在路边，由村委具体管护。

（四）文化价值

临沂费县马庄镇芍药山属纯青石山区，土地瘠薄，干旱缺水，德国粮农专家考察后说："这里缺乏人类最起码的生存居住条件"。核桃峪村在市县相关部门的带领下科学创新发展村里核桃产业，在村里建起了2hm²的核桃精品示范园，并邀请林业专家教授村民嫁接改良技术。经过考察，决定重点种植香玲和希尔两个品种，并打造出了"核桃山谷"品牌，把时下最流行的互联网手段引入宣传、销售环节，开发了乡村旅游项目、核桃主题的农家乐。

核桃叶

核桃峪小湾村古树   核桃枝干

四、济南高而乡核桃林

（一）起源及分布

1.**地理位置**　高而乡位于济南市南部山区南部，东靠柳埠镇，西邻长清区张夏镇，北接仲宫镇，南和泰安市大津口乡、长清区武庄乡搭界。H=620m，E=117°5.2748′，N= 36°20.3556′。

2.**起源**　高而乡有核桃树近万亩，村民主要以种植核桃为主。古树多为清末栽植，距今100多年。

3.**分布及生境**　高而乡全年平均气温13.4℃，年无霜期210d，作物生长期

古核桃树

260d，年均日照时数2 640h，年降水量700mm，雨热同期，降雨70%集中在夏季，属暖温带大陆性半湿润季风气候。高而山清水秀。山属泰脉，山顶松柏戴帽，果树缠满山腰，遮天蔽日。

（二）植物学特性

古核桃主干胸径0.4m以上，高数十米，冠幅多达十几米，枝干部分遭虫害。树冠

开张，呈伞状半圆形。树干浅纵裂。枝条粗壮，光滑，新枝绿褐色，具白色皮孔。果实为核果，圆形或长圆形，果皮肉质，表面光滑或具柔毛，绿色，有稀密不等的黄色斑点，果皮内有种子1枚，外种皮骨质称为果壳，表面具刻沟或皱纹。壳面光滑、洁净、干燥（核仁含水不得超过6.5%），果实整齐度好，出仁率≥40%以上。

核桃叶

（三）保存现状

核桃树已分产到户，由村民具体管护，管护良好，多数能正常开花结果。

（四）文化价值

高而乡充分发挥山多、荒山面积大的优势，大力发展林果生产。高而乡属于仲宫镇，是一座有2 000多年历史的文明古镇，地处九山附近断头处，原称终宫。俗语："九山断头，出王侯"，她的来历与名称和少年英雄终军有着密切联系。

核桃枝干

终军（约前133—前112）字子云。西汉济南人。少年时代刻苦好学，以博闻强记、能言善辩、文笔优美闻名于郡中。18岁被举荐为博士弟子，赴京师。过函谷关时，守关吏卒交给他一件帛制的"繻"。终军初不识此为何物，当得知这是一个返回过关的凭证时，慨然掷之于地，自信地说："大丈夫西游，终不复还。"守关吏卒为之瞠目。到长安后，终军以上书称旨官拜谒者给事中，

核桃古树

奉命巡视东方郡国。他手持朝廷符节，骑高头大马，再过函谷关，守关人员认出此人正是前次弃繻的青年，叹服其志远才高。有一次，朝廷需要遣使赴匈奴，终军上书自荐，博得汉武帝赏识，升他为谏大夫。南越（今广东、广西及越南北部）割据政权尚未归附，他又自请出使南越，表示"愿受长缨，必羁南越王而致之阙下"。至南越后，他说服南越王臣服汉朝，但南越丞相吕嘉极力反对，发兵攻杀南越王及汉使者，终军亦被杀。死时年仅20多岁，时人称之为"终童"。

核桃林

核桃园村

五、泰安大津口藕池村核桃

（一）起源及分布

1.地理位置 位于泰山东麓大津口乡，地处济南、泰安两市交界地带。H=388m，E=117°6.5419′，N=36°18.4744′。

2.起源 多数在清代栽植，距今已有一二百年。

3.分布及生境 大津口乡区域群山连绵，高低错落，地形地貌复杂奇特。地势呈西北高、东南低走向。沟壑纵横，丰水期沟河水满，枯水期潺潺流水。自然生态环境优越，植被覆盖率85%，森林覆盖率达65%，有着"天然氧吧"之称。藕池村周围四面环山，苍松翠柏围绕，独居山巅，往西看与泰山极顶遥遥相望，清晰可见，驱车可达山头，停车十分便利。

核桃叶

（二）植物学特性

古核桃主干胸径0.8m以上，从0.6m处分成2主枝，2枝粗度相当，约0.3m粗，高约15m，顶端枝条被截断，冠幅多达十几米，枝干部分遭虫害。树冠开张，呈伞状。树干浅纵裂。枝条粗壮，光滑，新枝绿褐色，具白色皮孔。果椭圆形，表面光滑，个头较小，皮薄肉厚，出仁率在40%以上。核桃仁含脂肪60%～70%、蛋白质15%～20%、碳水化合物10%，另含多种维生素和矿物质。4月上旬萌芽，4月中旬花期，9月中下旬果实成熟，10月底至11月初落叶。

（三）保存现状

核桃树已分产到户，由村民具体管护，管护良好，多数能正常开花结果。

（四）文化价值

大津口乡盛产的泰山核桃，核桃仁脂肪、蛋白质、碳水化合物含量高，另含多种维生素和矿物质。中医常以其配合其他药物，治疗肾虚腰疼、肺虚久咳、气喘、大便秘结、病后虚弱等症。常食可健脑、固齿、乌发、润肠。

古核桃树

第二节 板 栗

一、概 述

（一）板栗的价值

板栗，我国的著名干果树种之一，素有"千果之王"的美称。其果实含有丰富的营养物质，如淀粉、脂肪、蛋白质及多种维生素和无机盐类，又可以多种方式制作食品。栗子属坚果类，但不像核桃、棒子、杏仁等坚果那样富含油脂。

板栗的药用价值也为世人瞩目，众名医别录将其列为上品，其对人体的滋补作用可与人参、黄芪、当归媲美，果实入药，可有"益气、原肠胃、补肾

栗苞

气""治腰、腿不遂"及"疗筋骨断碎、肿痛瘀血"等作用。另外，栗叶、栗壳、栗花、栗毛球、树皮、树根均可入药。板栗树冠高形美、枝叶扶疏、抗性强、寿命长、抗烟尘，又是理想的山区绿化及净化环境的树种。

古板栗树群1

（二）起源及发展现状

板栗是我国驯化最早的果树之一。板栗因自身具有很强的适应性，极易推广，且生长力强，有"铁杆庄稼"之称。通过考古发现，在洪沟遗址中，人们发现了距今11万年前的栗炭。栗炭的发现说明11万年前的中国已经开始自觉地利用板栗了。1954年，随着西安半坡遗址考古中发现板栗化石，中国的板栗利用历史又可进一步追溯到大约6 000年前。通过文献资料，可以确定早在周代就已经栽培板栗了。《诗经》就多次提到板栗。《诗·鄘风·定之方中》提到了"树之榛栗"，这是目前已知的有关板栗记载的最早的文献资料。朱熹《栗熟》中有"共期秋实充肠饱，不羡春华转眼空"的诗句，古人以栗为食的记载颇多。《庄子·盗跖》中记载，"古者禽兽多而人少，于是民皆巢居以避之，昼食橡栗，暮栖木上，故名之曰有巢氏"。可见，在远古时代，栗子是人类生存的重要食物。从目前的考古发现可以得知，在古代，板栗多分布于北方的华北地区、西北地区和南方的长江中下游地区。板栗因有食用价值，百姓生活中较为常见，还可以充作军粮和税赋之用。

山东省是我国板栗集中产区之一，长期的实生繁殖形成了遗传多样、特色鲜明的山东居群。山东省土壤类型丰富，地容地貌多样，受土壤pH限制，板栗集中分布在泰沂山脉南侧和半岛地区，形成3个集中产区，即鲁中产区、鲁东南产区和胶东产区。其中鲁东南产区属沂蒙丘陵山地和沂沭河冲积平原，是山东省最适于板栗生长发育的生态区，产量约占山东省板栗总产量的60%。2005—2012年，山东省板栗栽培面积波动幅度较大，2005—2009年呈逐年下降的趋势，由3.90万hm²降为2.19万hm²，到2010年开始有所回升，2011年达4.05万hm²，2012年为3.77万hm²。2000—2015年，山东省板栗产量起伏变化比较大，2000—2003年产量逐年升高，2004年降幅较大，到2005年、2006年产量有所回升，2007年略有下降，之后到2013年产量逐年升高，2013最高达到31.47万t，2014年大幅降低，2015年恢复到略低于2013年的水平。随着劳动力、生产资料等成本的逐年增加，板栗种植效益持续走低，产业发展趋缓，有待进一步的扩大规模。从全省各地市来看，2000—2015年，临沂市板栗产量位居全省第一，但产量不稳定。泰安市位居第二，板栗产量虽有所波动，但总体呈上升趋势。烟台市板栗产量波动较大，呈波浪变动的趋势，在2014年降幅较大。日照市板栗2000—2007年产量变化波动较大，其中2004年和2007年降幅较大，其余年份处于缓慢增长趋势。潍坊市板栗2000—2006年产量逐年上升，之后产量不稳定，呈上下波动，其中2010年降幅最大。其余地区板栗产量发展缓慢。

古板栗树枝干

当前山东省重点推广的优良品种主要有黄棚、鲁岳早丰、东岳早丰、岱岳早丰、红栗2号、鲁栗2号。

（三）板栗的植物学特性

板栗属阔叶落叶乔木，树高可达15m，胸径3～5m，树冠圆形，冠幅15～20m。叶片为单叶，每节除一个叶片外，着生两个托叶，当叶片停止生长后，托叶便脱落，叶片长18～20cm，宽7～8cm，为椭圆形或长椭圆形。板栗为深根性树种，有发达的根系，抗旱能力强。板栗为雌雄同株异花，雄花居多，雌雄花序比约为17.7∶1，雄花序分化在上年生长季花芽的冬季休眠前完成，雌花簇

古板栗树群2

分化在春季芽萌动时开始分化，展叶期在4月中旬，开花次序先雄花后雌花，初花期在6月上旬，到6月底完成授粉期。9月中下旬坚果成熟。实生栗树结果较迟，12～14年开始挂果，20～30年进入盛果期，嫁接树2～3年挂果，有大小年现象。板栗属阳性喜光树种，要求良好的光照条件，抗逆性强，耐旱，耐寒，适应性广，在我国分布南北纬跨度在22°，遍布21个省地，海拔50～2 800m都有分布，对气候条件的适应性也较宽，一般在年平均气温8～18℃，生长期（4～10月）气温18～24℃，极端最高温度39.1℃，极端最低温度－24.5℃，全生育期≥0℃积温4 000℃，年降水量500～800mm，年日照时数1 500～2 000h的地区均可种植，晚霜冻对嫩梢易造成伤害。

（四）山东板栗古树资源及保存利用

1. 古树的分布 山东省板栗古树分布相对集中，主要分布在鲁中和鲁南等地区。其中临沂地区分布最多，约有22 278棵。临沂板栗主要分布在沂蒙山区、郯城地区。蒙山板栗，又称沂蒙山板栗，种植栽培已有1 000多年的历史，主要分布于东经118°、

板栗枝叶

北纬35°的费县、蒙阴县、平邑县的山地丘陵地区，栽培总面积为1万hm²，年总产量1 000万kg，为中国国家地理标志农产品。郯城板栗主要分布在沭河、沂河两岸的郯城、高峰头、红花、马头、胜利、新村等10多个乡镇栽植。1949年之前全县曾有1 333.3hm²栗园，最高年产100万kg。沭河沿岸在历史上就形成了几十里的板栗村带。其中东庄、坝子两个自然村是集中产地，栗树多，收益大，素有金东庄、银坝子的美称。

日照莒南县、五莲县是中国栽植板栗较早的地区之一，相传在1 400多年前即有了板栗栽培。据《五莲县志》记载，从20世纪30年代该县板栗即有大面积栽培。民国二十五年（1936），据统计资料五莲县全县产板栗260t，占果品总产量的22.1%。大多集中在街头、王世疃、松柏、户部和魏家等乡镇，仅松柏镇的王家口子至街头镇于家丰台一条沟中即有板栗10万株。品种有明栗、瓜子栗、包袱栗、乌栗、秋栗、两季栗、槎子栗、山栗、毛栗等50个品种。

济南西营、莱芜雪野沿线有大面积的板栗古树群，莱芜雪野独路村唐代板栗园，分布着8 000余株古板栗树、每株板栗老干虬枝，苍遂玄奥，风骨独特。古栗树或立山崖，或居谷底，或站山坡，老干虬枝如苍龙，树身中空可纳人，展示着生于贫瘠而顽强生长的精神，具有独特的美学观赏价值，被誉为"齐鲁第一古栗林"。板栗成熟时香甜可口，经考证，每株板栗年轮都在千年以上，可上溯至唐代。

潍坊也有古板栗群的存在，在沂山风景区及诸城刘墉板栗园一带。诸城刘墉板栗生态园古树密布，据考证最古老的树龄有400多年。每年春夏季节，园内古树葱郁，栗花飘香，形成茫茫林海，是省内面积最大、古树最多、国内罕见的大型古板栗生态园区。

下港白池沟古树

2. 古树的保护情况及开发利用 板栗古树群大多分布于立地条件差的荒山、丘陵、乡村等区域。古树群管护大多比较粗放，已经形成景点或古树已经当成文化产业发展的区域，如刘墉板栗园、唐代板栗园等已有专人进行管护，保护现状良好。

（五）山东板栗文化

在山东沂蒙山区，板栗与老区人民支援八路军抗日有很大关系。1941年11月，正是抗日战争艰难的相持阶段。为绕开日军"铁壁合围"式的大"扫荡"，中共山东分局、山东省战工会、八路军一一五师、山东纵队及抗大一分校等后方机关相继转移到薛庄的大青山地区。日军获悉后，调集日伪军53 000余人对他们进行层层包围。在日军绝对优势的兵力和火力攻击下伤亡惨重。大量的伤员通过各种渠道被转移至当地百姓家中。其时隆冬，加之日伪军的抢掠破坏，百姓家中粮食严重不足、必要的医疗设备和药品奇缺，伤员病情日渐恶化，若不及时治疗，恐将造成大量减员，严重影响战斗力。老百姓看在眼里，疼在心里，将家

板栗花

中所剩无几的余粮拿出救治伤员，无奈也是杯水车薪，见效甚微。正当老百姓心急如焚，一筹莫展时，有一孩童见八路军伤员强忍着饥饿与伤病做斗争，于是把兜里又冷又硬的板栗给伤员吃，那是他仅有的零食，更是他一天的口粮。乡亲们见状也纷纷把秋后收获储存的板栗炒熟后送给伤员吃，后来发展到用栗子粉做小窝头，熬粥或用少得可怜的鸡汤炖栗子喂给重病伤员吃，本以为这样做只能解决伤员们的饥饿，孰料伤员们食用数日后，伤口愈合竟非常迅速，精神状态也日渐好转，不久就能下地走动了。板栗"救死扶伤"的消息在老百姓之间悄悄传开，老百姓都以谁家藏有栗子多为荣，一传十、十传百，在当地产生轰动。从此，薛庄的蒙山板栗名声随着痊愈后转战大江南北的战士们传播四方。而蒙山板栗促进伤口愈合，救治八路军伤员的故事也成为见证沂蒙老区军民鱼水情的一时之佳话，至今为当地人津津乐道。

二、潍坊诸城刘墉板栗园

（一）起源及分布

1. **地理位置**　刘墉板栗生态园位于昌城镇西北方向3km处，距镇驻地5km、城区15km。H=52m，E=119°26.8689′，N=36°7.8295′。

2. **起源**　刘墉板栗园是因清代大学士刘墉的私家园林而得名。据《诸城市志》记载，"诸城板栗自明代末年开始栽植，在当时，潍河东岸的昌城境内就已"垦植家栗，渐成大行"。至清康熙年间，栗园已达数千亩。

3. **分布及生境**　北依风光秀丽的巴山，西临碧波荡漾的潍河，涵盖潍东村、芦河

古板栗树枝干

古板栗树群1

古板栗树群2

村、赵家屯村等十几个自然村，占地1 200hm²，核心区面积666.7hm²，年产板栗200多万kg，是江北最大的板栗生产集散地。板栗生态园古树密布，据考证最古老的树龄有400多年。每年春夏季节，园内古树葱郁，栗花飘香，形成茫茫林海，是省内面积最大、古树最多、国内罕见的大型古板栗生态园区。

（二）植物学特性

板栗园内古树密布，仅明清古树就有3 000多棵，50年以上的古树8 000棵，古树群株行距约10m。板栗是落叶乔木，平均树高15m左右，有的高达20m，树干较粗糙。树皮暗灰色，不规则深裂，有纵沟，皮上有许多黄灰色的圆形皮孔。树形美观，树姿多数较直立，较粗古树直径0.8～1.0m，一个半成年人才能将其完全搂住。主干皮部呈片状脱落，枝条无刺，幼时具柔毛。叶椭圆至长圆形，长11～17cm，宽稀达7cm，顶部短至渐尖，基部近截平或圆，或两侧稍向内弯而呈耳垂状，常一侧偏斜而不对称，新生叶的基部常狭楔尖且两侧对称，叶背被星芒状伏贴茸毛或因毛脱落变为几无毛；叶柄长1～2cm。雄花序长10～20cm，花序轴被毛；花3～5朵聚生成簇，雌花1～3朵发育结实，花柱下部被毛。成熟壳斗的锐刺有长有短，有疏有密，密时全遮蔽壳斗外壁，疏时则外壁可见，壳斗连刺径4.5～6.5cm；坚果高1.5～3cm，宽1.8～3.5cm。花期较长，3月下旬4月上旬露蕾，4月中下初花，5月上旬盛花，5月下旬终花期结果。果期8～10月。自花结果，异花授粉坐果率更高。

（三）保存现状

古板栗园历史悠久，树龄年长，为了有效地保护这些古板栗树，近年来，昌城镇党委政府联合市林业局等相关部门，对板栗园中的所有古板栗树进行了逐一编号、登记挂牌，为每棵古板栗树建立了详细的档案。

板栗花

（四）文化价值

古老的栗园孕育了瑰丽神奇的板栗文化。园中既有凤凰送栗的神话，又有恋人殉情的传说，特别是那历经沧桑的古板栗树和凤鸣坡、潍东明园、迎官道、眺水台、情人岛等众多的历史遗迹，更让身居其中的人们返璞归真，回归自然。

明代，传说有一家农户漂泊至此，垦沙植柳栽桐，把沙丘治理得柳荫森森、桐花飘香。一天，一只凤凰衔着一颗金珠飞至此坡，栖息片刻，鸣叫一声飞走了，老农赶忙捡起金珠一看，见金珠变成了栗子。他顿时感悟，遂把栗子埋好，精心培育，三年之后，栗树长成合抱粗的大树，并开始结果，当年获栗三石，第二年大旱，河流干涸，赤地千里，饿殍遍野，而老农一家以栗果为食，不仅度过饥荒，而且人人康泰，后来日子越过越红火。这便是凤凰送栗的传说。

板栗树冠

园区介绍

三、临沂郯城神舟板栗园

（一）起源及分布

1. 地理位置　神舟古栗园位于县城东侧，现有连片板栗园 1 866.7hm^2，是国内

栗苞

平原地区最大的板栗生产基地。园内以50～60年生和15～20年生居多，百年以上古老栗树有10 000余株。H=34m，E=118°22.4858′，N=34°38.0539′。

2. 起源　神舟板栗园，是县内最大的、最古老的板栗园，始建于清康熙年间。百年以上的古栗树在5 000株以上，300年以上的古栗树尚有很多株。古栗园奇干异冠、疏密有序，四季景色各异，实属国内罕见。2002年山东省人民政府将此园命名为"省级森林公园"。

3. 分布及生境　境域属鲁中南低山丘陵地带，临郯苍平原腹地，东部马陵山起伏北上，中部沂、沭、白马三河逶迤南下。交通便利，地处环渤海经济圈和长三角经济圈交汇地带。郯城县属于棕壤地带。处暖温带，湿润与半湿润过渡型季风气候带，四季分明，雨热同季，利于农业生产。《尚书·禹贡》记载"海岱及淮惟徐州。淮沂其义，蒙羽其艺"，由此可知地处沂沭河流域羽山一带的郯城，早在上古时期就已开始垦殖。得天独厚的地理条件，逾越数千年开发自然的历史，是郯城今天能够拥有众多古树名木的基本原因。

（二）植物学特性

板栗园内古树密布，百年以上的古栗树在5 000株以上，古树群排列不规整，株行距4～6m。板栗属落叶乔木，平均树高10m左右，有的高达20m，树干较粗糙。树皮暗灰色，不规则深裂，有纵沟，皮上有许多绿色条纹。树体多数较直立，部分有倾斜。较粗古树直径0.6～0.8m。主干皮部呈片状脱落，部分古树枝干有空洞，枝条无

古板栗树

刺，幼时具柔毛。叶椭圆至长圆形，长11～16cm，宽约6cm，顶部短至渐尖，基部近截平或圆，或两侧稍向内弯而呈耳垂状，常一侧偏斜而不对称，叶背被星芒状伏贴茸毛或因毛脱落变为几无毛；雄花序长10～20cm，花序轴被毛；花3～5朵聚生成簇，雌花1～3朵发育结实，花柱下部被毛。每结果母枝平均抽生果枝2.4个，结果枝平均着总苞2个。成熟壳斗的锐刺有长有短，有疏有密，

密时全遮蔽壳斗外壁，疏时则外壁可见，壳斗连刺径4.5～6.5cm；坚果高1.5～3cm，宽1.8～3.5cm。萌芽期4月上旬，盛花期6月上旬，9月下旬坚果成熟。郯城板栗有毛栗、油栗两大类，其中"郯城大油栗"色泽油亮，籽粒饱满，肉质松，糯性强，品味香甜，是闻名海内外的重要出口商品。"盘龙栗"有很好的观赏价值，是珍稀品种。

古树基部

（三）保存现状

郯城县将公园内树龄百年以上的板栗树列入"郯城县古树名木保护名录"，对公园内古板栗树进行调查，编号挂牌，建立档案和数据库。为了便于对古板栗树的管护，该县推行村民认养办法，以村为单位，按照各户人口多少分别认养。根据古板栗树龄偏长、结果偏少、群众受益相对减少的实际情况，县财政拨出专款对挂牌保护的古栗树给予一定的补助。

古树编号

（四）文化价值

郯城县内古树中，板栗亦有相当可观的数量。板栗素有"铁杆庄稼"之称，自古以来被视为上等食品。《礼记》中记载，"子事父母，妇事舅姑，枣栗饴蜜，以甘之。"

古树名木保护群碑

神舟板栗园石碑

李时珍《本草纲目》称栗子"其仁如老莲肉。"栗子食用，有很高的营养价值。药用可治疗多种疾病。古药书记载："栗味甘性温，入脾胃肾经，有养胃、健脾、强筋、活血、止血之功效。"郯城民间，糖炒栗子、栗子鸡等食品、菜肴一直受人们喜爱。郯城板栗的大规模栽培也有数百年历史。

《乾隆·郯城县志》记载，栗子是郯城主要特产之一。新中国成立前，全县有板栗1 334万m^2，20万株，年产100万kg。沭河沿岸有数十千米的板栗林带。

四、日照莒南洙边镇板栗群

（一）起源及分布

1. 地理位置　位于洙边镇驻地西1.5km处的东夹河村，村南坐落着生态游栗王景区，板栗园中树龄超过300年的板栗树多达3 000多株。H=63m，E=118°50.4652′，N=35°05.1514′。

2. 起源　现莒南洙边镇内，有一棵"栗王"，据陈氏族谱载：陈氏于元末迁此立村，后广植栗树。"栗王"高15m，周长3.16m，冠径16m，每年仍有数十斤的产量，距今已700余年，据考证，国内超过700年的板栗仅此一株。据《莒南县志》，全县300年以上树龄的板栗树有3 000余株。莒南板栗树资源十分丰富，这些古老的栗树都能反映出板栗树栽培历史。

板栗群

3. 分布及生境　莒南县地处低山丘陵区，雨热同季，秋高气爽，土壤养分齐全。由于境内光照充足，昼夜温差大，土质好，极宜莒南板栗的生长，形成特殊的品质。产量名列山东第一，被列为中国板栗优质高产高效栽培示范基地，所产板栗个大、色艳、光滑油亮、果肉嫩黄细腻、香甜可口，素有"糯香栗"之称。2010年4月2日，农业部批准对"莒南板栗"实施农产品地理标志登记保护。

（二）植物学特性

板栗园内古树密布，300年以上的古栗树多达3 000株，古树群排列不规整，在景区内分散分布。300年以上古树平均树高10m左右，胸径0.4m，树干较粗糙。"栗王"树高15m，胸径1.0m，冠幅18m，树形优美，直立挺拔，无中心主干，有7个分枝，在树干3m处，分枝角度在45°～60°。树皮暗灰色，不规则深裂，有纵沟。主干皮部呈片状脱落，枝条无刺，幼时具柔毛。叶椭圆至长圆形，长10～16cm，宽5～6cm，顶部短至渐尖，基部近截平或圆，或两侧稍向内弯而呈耳垂状，常一侧偏斜而不对称，叶背被星芒状伏贴茸毛或因毛脱落变为几无毛；雄花序长10～18cm，花序轴被毛；花3～5朵聚生成簇，雌花1～3朵发育结实，花柱下部被毛。成熟壳斗的锐刺有长有短，有疏有密，密时全遮蔽壳斗外壁，疏时则外壁可见。萌芽期4月上旬，盛花期6月上旬，9月下旬坚果成熟。结果量不大。莒南板栗主要特征：坚果饱满整齐，平均单粒重11.0g，个大，均匀，皮薄易剥，果肉嫩黄细腻，色泽鲜艳，味道甘甜，糯性强。具有本品种特有的风味，无异常气味。

板栗王

（三）保存现状

莒南县林业部门可联合镇林业站对古树名木进行编号、登记。通过发放宣传单页、古树名木保护讲座进村宣传等形式，提高基层村民对古树名木保护的意识。现在"栗王"古树被洙边镇政府和周围村民很好的管护起来，保护等级为一级。具体管护单位：莒南县绿化委员会。

板栗王树干

（四）文化价值

莒南板栗栽培历史悠久。据《山东果树志》（1986年版），从沂蒙山区发掘的大叶板栗化石表明，本区处于板栗的起源的中心地带之一。临沂银雀山西汉墓地发掘出"板栗炭化果实"，莒南属琅琊郡，证实早在2 000年前的西汉时期，莒南一带已广泛栽植栗树。

景区内有2 000hm² 板栗园。板栗园中树龄超过300年的板栗树多达1 200多株，其中一株是明洪武年间百姓迁此栽种的扎根树，取栗子树的栗（利）子之意。这株高大苍劲的栗树，胸围4m多，树高20m，已有600多年的历史，在整个栗林中鹤立鸡群，被称为"栗王"。区内另有姿态各异的"龙虎栗""栗后""枣栗""十三太保"等栗树，形成了令人目不暇接、回味无穷的栗树景观。

莒南是山东省第一、全国县级前十名的板栗绿色食品原料基地，是山东省最大的板栗贸易集散地，是全国最大的板栗深加工基地。2000年，莒南县被林业局、中国经济林协会命名为"中国板栗之乡"。2010年4月2日，农业部批准对"莒南板栗"实施农产品地理标志登记保护。

板栗王石碑

古树牌

五、潍坊临朐沂山风景区板栗群

（一）起源及分布

1. **地理位置**　沂山风景区法云寺附近。H=781m，E=118°37.6891′，N=36°11.9485′。沂山为中国东海向内陆的第一座高山，有"大海东来第一山"之说，素享"泰山为五岳之尊，沂山为五镇之首"的盛名。

2. **起源**　法云寺一带的古板栗群是沂山的重要植物保护群落之一。板栗树最早多是由庙里的和尚栽植的，初栽于宋元两代，于明清时期补植，在临朐旧志中便有"栗熟乱落如雨，山僧拾以待客"的记载。

3. **分布及生境**　沂山背倚凤凰岭，面临汶水，避风向阳，山清水秀，风景清幽雅致。温带季风气候，生态资源优良，森林覆盖率高达98.6%以上，四季分明，降水较为丰沛。沂山光照充足，气温低，氧气丰富，众多条件因素更有利于板栗的生长，因此沂山的板栗比别处更香甜，口感更独特。

（二）植物学特性

板栗园内古树密布，百年以上的古栗树多达1 000余株，在山坡上与油松混交存在。古板栗树平均树高8～15m不等，胸径一般在0.3m以上。树干较粗糙，树形一般，自然分散生长，许多枝干干枯，坏死。法云寺后面"栗抱松"树高8.8m，胸径0.7m，冠幅南北15m，东西12m。主干树高3m，顶部枯梢，从根部生出3株新板栗，分别向西、北、南面倾斜生长。树皮暗灰色，不规则深裂，有纵沟。主干皮部呈片状脱落，枝条无刺，幼时具柔毛。叶椭圆至长圆形，长10～16cm，宽5～6cm，顶部短至渐尖，基部近截平或圆，或两侧稍向内弯而呈耳垂状，常一侧偏斜而不对称，叶背被星芒状伏贴茸毛或因毛脱落变为几无毛；雄花序长10～18cm，花序轴被毛；花3～5朵聚生成簇，雌花1～3

古板栗树1

朵发育结实，花柱下部被毛。成熟壳斗的锐刺有长有短，有疏有密，密时全遮蔽壳斗外壁，疏时则外壁可见。萌芽期4月上旬，盛花期6月上旬，9月下旬坚果成熟。结果量不大。

（三）保存现状

法云寺一带古板栗群已成为东镇庙乃至沂山景区的一道靓丽的风景，也是周边百姓采收栗子的重要场所。板栗与油松混交栽植，由沂山风景区管理委员会具体管护，

古板栗树2

栗抱松

但管理保护比较粗放，有些古木已经枯死。

（四）文化价值

在民国的《临朐续志》中曾有"栗熟乱落如雨，山僧拾以待客"的记载。板栗园则就位于法云寺附近，由于法云寺地处山谷之中，冬日大雪过后庙内僧人难以外出化缘，所以在周围种植板栗树，以便于冬日食用。因而沂山现有百年的板栗树不计其数。每次到了板栗成熟期，无数游客来到沂山，亲手

栗抱松石碑

打板栗、捡板栗、剥板栗，真正体验了一把板栗秋收的乐趣。

法云寺药王殿殿后有一棵奇松——栗抱松。距今已有470余年的历史，在古板栗树的根部又自生三株幼板栗，大小不一，人称"四世同堂"。特别引人注目的是40年前，从老树腐朽洞穴处，自生一株油松。老栗新松，异树同体，相映成趣。待到秋后，古板栗硕果累累，据当地人介绍所结的果实有一股浓厚的松香味。

板栗树干基部

板栗枝梢栗苞

六、济南西营藕池村板栗群

（一）起源及分布

1. **地理位置**　藕池村位于西营镇驻地东南3km处，与泰安市接壤。H=411m，E=117°16.0423′，N=36°28.2285′。

2. **起源**　济南南部山区的西营镇是济南地区板栗主产区，百年以上的板栗古树有千余棵，是济南目前最大的古树"经济林"。西营镇藕池村有其中一棵板栗长势最好，被称为"板栗王"，树龄四五百年。

3.**分布及生境** 西营镇属泰山山脉片麻岩结构，沙质土壤，加之海拔高、日照时间长、昼夜温差大等得天独厚的条件，非常适宜板栗生长，也因此发展成林果生产专业乡镇。《板栗王保护碑记》记载："藕池村地理条件优越，适宜板栗生长，风味独特，营养丰富，备受青睐，藕池村板栗树生长历史悠久，唐代就有种植。"

古板栗树干

（二）植物学特性

西营镇藕池村板栗古树群有古树千余棵，散生于村里及周边。最大一株板栗王，树高15m左右，胸径1.2m，冠幅16m。树干较粗糙，有3个分枝，一主干直立生长，2侧枝分别向东西方向伸展，东部侧枝从主干2m处分开，夹角45°；西部侧枝从主干基本分开基部粗0.4m，约0.8m处干枯，重新抽生新枝，直径0.2m。树皮暗灰色，不规则深裂，有纵沟。主干皮部呈片状脱落，枝条无刺，幼时具柔毛。叶椭圆至长圆形，长13cm，宽约6cm，顶部短至渐尖，基部近截平或圆，或两侧稍向内弯而呈耳垂状，常一侧偏斜而不对称，叶背被星芒状伏贴茸毛或因毛脱落变为几无毛；每结果母枝平均抽生结果枝2个，结果枝平均着总苞2个。成熟壳斗的锐刺有长有短，有疏有密，密时全遮蔽壳斗外壁，疏时则外壁可见，壳斗连刺径4.9cm；坚果高1.9cm，宽2.0cm。萌芽期4月上旬，盛花期6月上旬，9月下旬坚果成熟。自花结果，异花授粉坐果率更高。

板栗王石碑

（三）保存现状

板栗树王在济南市古树名木中，编号为A5-0125。2016年经济南市文物局批准，历城区文广新局同意，西营镇政府支持，山东智邦文物保护公司对板栗王树进行了保护和周围环境提升，并立碑铭记。现这株古树由村委会具体管护，保护现状良好，其

余古树呈散生状态，保护不好，许多枝干已经干枯。

（四）文化价值

世世代代的西营人从未间断过板栗的栽植，在长期的种植过程中积累了丰富的经验，特别是近十几年来建成的万亩板栗园已成为济南南部山区最大的优质板栗生产基地。此地所产栗仁糖分高、色泽好，风味独特，营养丰富，备受人的青睐。生食，又脆又甜，余香满口；熟吃，可煮、可烧、可馏、可炒，"糖炒栗子"的味道更是让人回味无穷。

"板栗王"所在的藕池村也有个关于板栗的传说：相传唐王李世民东征时在此安营扎寨，非常喜欢这里的水土气候，便命将士们取出随身携带的板栗赐给藕池村民，从此板栗在该村生根发芽，开花结果，村中上百年的板栗古树随处可见，数量多达数千棵。经过世世代代藕池人的精心栽培，全村板栗种植面积达万亩，年产量上百万斤，造就了国家级高标准板栗科技示范园区。

古板栗树群

板栗王

七、莱芜独路村板栗群

（一）起源及分布

1. **地理位置**　莱芜市莱城区大王庄镇独路村。独路村有山有水有古树，有"山东第一古栗林"的"唐朝板栗园"。H=573m，E=117°23.5226′，N=36°25.8054′。

2. **起源**　"唐朝板栗园"现有上百年古树8 000多株，园林部门编号注册的2 400多棵，是罕见的古树群，极具观赏性。过去，这些独具特色的景观锁在深山无人知。如今，道路修通后外地游客纷至沓来。

3.分布及生境　雪野旅游区大王庄镇独路村，位于莱芜区西北部，百里香山，苍茫叠翠，在绵延起伏的群山环抱中。据村碑记载：清代初期，曹姓迁此，始建村无考，因地处山区，北通章丘，只此一路，由此得名独路。独路村自然风景优美，植被茂盛，古树成林。

古板栗树1

（二）植物学特性

唐朝板栗园板栗古树群有古树8 000余棵，散生于村里及周边。树高6～18m不等，胸径0.3～0.8m，冠幅5～15m。树干较粗糙，有多个分枝；树姿半开张，树皮暗灰色，不规则深裂，有纵沟。主干皮部呈片状脱落，枝条无刺，幼时具柔毛。1年生枝长，节间长度约为0.3cm，平均粗0.2cm，嫩梢上茸毛白色，数量中等，多年生枝褐色。叶椭圆至长圆形，长10～16cm，宽4～6cm，顶部短至渐尖，基部近截平或圆，或两侧稍向内弯而呈耳垂状，常一侧偏斜而不对称，叶背被星芒状伏贴茸毛或因毛脱落变为几无毛；每结果母枝平均抽生果枝2个，结果枝平均着总苞2个。成熟壳斗的锐刺有长有短，有疏有密，密时全遮蔽壳斗外壁，疏时则外壁可见，壳斗连刺径3.8～5.6cm；坚果高1.5～3cm，宽1.6～3.2cm。萌芽期4月上旬，盛花期6月上旬，9月下旬坚果成熟。自花结果，异花授粉坐果率更高。

（三）保存现状

2019年以来，通过开发整理，使近万株古板栗趋向盆景化，从而成为特色景点——唐朝板栗园，为"山东第一古栗林"。

古板栗树2

古板栗树3

（四）文化价值

唐朝板栗园，以独路村为主，分布着8 000余株古板栗树，每株板栗老干虬枝、苍遂玄奥、风骨独特。古栗树或立山崖，或居谷底，或站山坡，老干虬枝如苍龙，树身中空可纳人，展示着生于贫瘠而顽强生长的精神，具有独特的美学观赏价值，被誉为"齐鲁第一古栗林"。板栗成熟时香甜可口，经考证，每株板栗年轮都在千年以上，可上溯至唐代。

独路村自然风景优美，植被茂盛，古树成林。近年来，独路村以旅游产业为切入点，着力打造唐朝板栗园景区、林海草原景区，成为远近闻名的旅游村，先后获得省级文明村、省级特色旅游村、省级森林村居等荣誉称号。

古板栗树4

古树牌

古板栗树群

八、济南垛庄镇岳滋村板栗王

（一）起源及分布

1. **地理位置** 岳滋村位于垛庄镇西南部，是章丘最南边的一个村子，与莱芜雪野及泰安接壤。H=566m，E=117°19.1730′，N=36°28.7148′。

2. **起源** 岳滋村具有悠久的板栗栽培史，据当地流传古树已有1 000余年。

3. **分布及生境** 岳滋村位于七星台风景区的谷底，周围群山环绕，漫山都是野酸枣、松、柏、柿树、核桃树、栗子树，整个村庄隐在绿色之中。村中一条小河贯穿东西，岳滋村就散落在河的两岸，岳滋村周围树木茂盛、水分涵养好，每条山沟都有溪水常年不断地流淌，村里有200多个泉眼，大多数泉一年四季有水。村里有泉水、小桥，还有古朴的村落，颇有点江南水乡的味道。

古板栗树

（二）植物学特性

该板栗树高12m，胸径1.7m，树冠呈伞形，冠幅东西16m，南北12m。板栗主干高4m处有4个分枝，其中东部分枝1个，在分枝0.3m处向东北40°方向分生一枝，径约8cm，西南和西北各有1分枝，其中西南方向分枝已经枯死，西北方向分枝底部干枯，从0.5m处又抽生新枝。南部1分枝，在0.4m处又分两枝，树皮皆有脱落，树干也有枯死及空洞。树皮呈灰色，主干上部有中空，

古板栗树皮

西侧1.5m处有均宽1.0m的树瘤，南侧基部有均宽0.3m的树瘤，离地1m处有均宽0.3m的两个连绕树瘤。成熟壳斗的锐刺有长有短，有疏有密，密时全遮蔽壳斗外壁，疏时则外壁可见。萌芽期4月上旬，盛花期6月上旬，9月下旬坚果成熟。

（三）保存现状

被列为济南市古树名木，编号A7-0043，现由岳滋村村委会进行具体管护。保护现状一般。

（四）文化价值

岳滋村具有悠久的板栗、核桃栽培史，不但产量大，而且品质极好，深受人们的青睐。为满足人们的需求，果农们对核桃、板栗的生产不断加大技术资金的投入力度，使得其品质和产量又迈上一个新台阶，更加适应了市场的需求。

岳滋村树木茂盛，得益于优良的地形及丰富的水文资源，而水源的丰富亦是森林的涵养，两者相辅相成，相得益彰。岳滋村处于9条富泉山峪的汇集处，大多数泉一年四季水不断。雨季雨水比较多时，泉水和山涧溪水汇流，气势蔚为壮观。"百泉村"是当地人对岳滋村的俗称，济南名泉录记载收录了夫妻泉、玉堂泉、岳滋南泉等，后二者地处南峪，南峪山路两侧有成片芦苇和树林，南峪比西峪更长，山深处有一水坝，坝上为七星台景区里的景点——玉堂泉水汇成的瑶池。

古板栗树枝干

古板栗树基部

九、日照五莲县黄崖川板栗

（一）起源及分布

1. **地理位置**　黄崖川所在的户部乡位于日照市五莲县城东部19km处。H=90m，E=119°22.0386′，N=35°42.8018′。

2. **起源**　中国栽培板栗已有两千多年的历史。五莲县是中国栽植板栗较早的地区之一，相传在1 400多年前即有了板栗栽培。

3. **分布及生境**　户部乡位于山东半岛的南部，潮白河上游，属暖温带季风海洋性气候，年平均气温12.9℃，年平均降水

古板栗树1

量850mm，年平均日照2 700h，年平均无霜期210d。该乡以低山丘陵为主，约占全县总面积的86%。黄崖川村位于户部乡西南6km，334省道以南，九仙山北麓，龙潭沟水库下游，潮白河流经村前，山水环绕，风景秀丽，适合于板栗的生长。

（二）植物学特性

该板栗树高15m，胸径1.75m，树冠呈伞形，冠幅东西16m，南北13m。板栗主干高1.3m处有2个大分枝，一枝向西生长，在树高1.8m处分别向南、北各一分枝，2分枝粗相当，约0.6m。枝叶茂盛，生长健壮。东部枝干一枝直立生长，一枝向东伸展，两枝夹角25°。树皮呈灰色，主干上部有中空，树皮有脱落，树干1.7～2.0m处有多个树瘤。1年生枝节间长度约为0.3cm，平均粗0.2cm，嫩梢上茸毛白色，数量中等，多年生枝褐色。叶椭圆至长圆形，平均长12cm，宽约5cm，顶部短至渐尖，基部近截平或圆，或两侧稍向内弯而呈耳垂状，常一侧偏斜而不对称，叶背被星芒状伏贴茸毛或因毛脱落变为几无毛；每结果母枝平均抽生果枝2.3个，结果枝平均着总苞2个。成熟壳斗的锐

古板栗树2

古树牌

刺有长有短，有疏有密，密时全遮蔽壳斗外壁，疏时则外壁可见。萌芽期4月上旬，盛花期6月中旬，9月下旬至10月上旬坚果成熟。五莲板栗外形玲珑，果实中等大小，单果重14g左右，果实均匀整齐，坚果棕褐色，明亮，甘甜芳香，口感好。

（三）保存现状

被五莲县人民政府列为古树名木，编号QHB012，现由黄崖川村委会进行具体管护。保护现状一般。

（四）文化价值

户部乡主产板栗，素有"板栗之乡"的美誉。据《五莲县志》记载，从20世纪30年代该县板栗即有大面积栽培。民国二十五年（1936），据统计资料五莲县全县产板栗260t，占果品总产量的22.1%。品种有明栗、瓜子栗、包袱栗、乌栗、秋栗、两季

栗、槎子栗、山栗、毛栗等50个品种。2013年五莲板栗获得国家农产品地理标志保护，范围为：五莲县境内的洪凝镇、街头镇、许孟镇、叩官镇、松柏镇、户部乡等10个乡镇。

秋季是收获山栗子的季节，那是黄崖川一年当中最忙碌的时候。村民拿着长杆有节奏的熟练的打着压在枝头的栗子，杆起声至，栗子夹带着少许叶子接二连三地掉落到软扑扑的地面上"噗噗"作响，带着果实的厚重声，仿佛还带着村民收获喜悦的爽朗笑声，响遍整个山间，让每一个经过的人都能切实感受到丰收的喜悦。

古树分枝

古树干

十、泰安化马湾双泉村板栗群

（一）起源及分布

1.**地理位置** 双泉村位于化马湾乡西部，徂徕山腹地。因徂徕山脉两条大泉始发于此而得名。省级地质公园——龙湾地质公园坐落于村内。H=411m，E=117°19.4122′，N=36°3.4717′。

2.**起源** 据村民介绍，千亩板栗群约为清末或民国时期栽植。

3.**分布及生境** 龙湾地质公园位于泰山东南30km，地处风光秀丽的徂徕山北麓，属暖温带大陆性半湿润季风气候区，四季分明，雨热同季，春季干燥多风，夏季高温多雨，秋季天高气爽，冬季寒冷少雪。其土壤为棕色森林土，光热资源充足，无霜期200d，雨量充沛，这正是板栗生长得天独厚的

古板栗树

地理环境。2006年，被山东省列为省级重点自然保护区。

栗苞

（二）植物学特性

化马湾双泉村板栗古树群有古树1000余棵，散生于村里及周边。古树群有板栗品种多个，主要有八甲栗、长毛栗、早熟栗、宽叶明栗等。古树大部分树势较强，树姿开张，圆锥形。树高22～25m，冠幅东西12～20m，南北11～18m，干高平均1.4m。主干褐色，树皮丝状裂，枝条中等密度。一年生枝黄绿色，中等长度，中等粗度，嫩梢上有白色茸毛，多年生枝条灰褐色，皮目椭圆形，中等。叶形阔披针形，叶色浓绿，叶渐尖，叶缘粗锯，有中等针刺，叶长15～18cm，叶宽5.5～8.2cm。萌芽力强，发枝力强，生长势强。7～8年开始结果，10～15年进入盛果期，坐果力强，

古板栗树群1

树上部坐果，生理落果少，丰产，大小年不显著。高产，优质，抗旱，耐贫瘠。宽叶明栗，叶较其他品种宽，叶柄长0.8cm，叶长17.5cm，叶宽9.6cm，叶形阔披针形，叶色浓绿，叶渐尖，叶缘粗锯，有较短针刺。坐果力强，树上部坐果，生理落果少，丰产，大小年不显著，盛果期单株产量70kg。萌芽期4月上旬，盛花期6月上旬，9月下旬坚果成熟。

（三）保存现状

千亩板栗园已经分产到户，由当地村民具体管护，现已成为村民致富的重要经济作物。

（四）文化价值

化马湾乡在古代运输中有重要地位，据说是古代北京通往南京的必经之路。此地历史文化深厚，有商周时代"燕语城"遗址，还有很多动人传说。最著名的是"泥马渡康王"的传说。传说苟安于南宋的皇帝康王赵构曾经在徂徕山驻军抗击外敌入侵。康王在此驻扎时，上天赐予一窝神蜂，康王有宝锣一面，敲响此锣，康王殿正南方的

旋蜂山上的马蜂便会飞舞而至，在整个康王殿上方飞旋不止，蜇伤敌军，保护康王。康王有一女儿生性顽皮，女儿出于好奇，便敲响了宝锣，霎时，整个康王殿上空飞满了马蜂，遮天蔽日，因未见敌情，瞬间消失。女儿看得哈哈大笑，女儿再敲，蜂再至，又敲，又至，四次敲锣，蜂不至。大蜂感觉被戏耍。官兵真来时，再敲锣大蜂不出来。眼看命将不保，这时，受观音点化的一匹战马突然从天而降，落在康王面前，康王赶紧跨上骏马，快速突出重围。康王逃一水湾时见马大汗淋漓，让它喝水，结果马化成泥，成了化马湾。还有说康王骑马逃跑走到化马湾时，后面追兵骑的马都化作烂泥，康王得救，隐居在当地，教百姓种植果树。王母娘娘路过，看到这里满山遍野的果实丰收，认为康王有功，把他招到天上做了神仙。

板栗叶片

古板栗树群2

十一、泰安泰山板栗群

（一）起源及分布

1.**地理位置** 位于泰山东麓大津口乡下港乡一带，地处济南、泰安两市交界地带。H=520m，E=117°8.813′，N=36°20.512′。

2.**起源** 多数在明清之际栽植，距今已有一二百年，个别超过三四百年。

3.**分布及生境** "山顶松柏刺槐戴帽，山中板栗核桃缠腰，山下樱桃桑园抱脚"是大津口-下港镇生态绿化的真实写照。该地属纯山区，年平均气

白池沟古板栗树

温12.8℃，年均降水量800mm，平均海拔450m，最高海拔973m，平均坡度30℃，土壤种类为棕壤，母岩为火成岩，母质状况疏松。周围群山环抱，绿树葱葱，山溪潺潺，泉水汩汩，环境优美，非常适合板栗生长，为板栗种植产业的发展提供了得天独厚的

自然条件。

（二）植物学特性

明代栽植的板栗古树，较大古树树干直径接近1m，虽历尽沧桑，仍根深叶茂，果实累累。山中板栗树势强，树姿开张，多数圆锥形，树高15～24m不等，平均冠幅14m，干高平均1.5m，干周平均2.65m。主干褐色，不规则丝状裂。枝条中等密度，一年生枝黄绿色，中等长度，嫩梢上有少量白色茸毛，多年生枝条灰褐色。叶形阔披针形，叶色浓绿，叶渐尖，叶缘粗锯，有较短针刺。果实椭圆形或圆形，果皮绿色，果面有茸毛；萌芽力强，发枝力强。7～8年开始结果，10～15年进入盛果期，坐果力强，树上部坐果，生理落果少，丰产，大小年不显著，盛果期单株产量80kg。

板栗花

大津口藕池村古板栗树

古树枝干

（三）保存现状

山上板栗已经分产到户，由当地村民具体管护，现已成为村民致富的重要经济作物。部分古树已建档立卡，落实属地管理保护职责，纳入"一级保护"范围。

（四）文化价值

泰安板栗，是山东板栗中的优良品种，泰安三大特产之一。主要产地是徂徕山地区及下港镇、大津口乡等。泰山板栗常年吸泰山之灵气，饮泰山之甘泉，归依天然，富含蛋白质、脂肪、矿物质和糖类及B族维生素等多种微量元素，果肉通体淡黄，肉质细腻，香甜质糯，适宜糖炒和加工栗仁、栗米、栗粉，早在明清时期就定为"贡品"；现在更是蜚声国际市场，深受东南亚、北美等市场青睐，被誉为"泰山甘栗"。

关于泰山板栗有一个美丽的传说：传说，这山里曾有一年轻后生，身强力壮，砍柴干活是把好手，有一年得了腰疾，腿脚无力，瞧了好些大夫也没有瞧好，很是着急、憋屈，就有了轻生的念头。一天他来到了自家的栗树底下，挂好绳子，搬来石头，还没等上去，一个栗蓬正好砸他头上，想着与

栗苞

其做饿死鬼不如吃饱了再走，就晃晃树拾起栗子开始吃，吃了数个，就犯困躺地上睡着了。醒来站起来，竟然发觉自己的腿脚有了力气，腰也不疼了，从那以后逢人就讲是泰山奶奶点化栗树娘娘赐了仙果给他，他才好起来了。虽然这只是个传说故事，但板栗确实是药用珍果，中医记载：栗实，益气，厚肠胃，补其肾气，令人耐饥。

"处暑"季节直至"国庆"佳节，在前后一个多月的时间里，是泰安市泰山景区和徂徕板栗集中收获的黄金时节，也是板栗市场购销两旺最活跃的时段。此时的泰山景区下，从山上到山下、从农户到市场，成了名副其实的板栗世界、人流车流汇聚的海洋。

下港麻塔村板栗树　　　　　　　　　　下港马蹄峪板栗王

十二、临沂费县薛庄镇板栗王

（一）起源与分布

1.地理位置　板栗王树位于临沂费县薛庄镇大古台杨家庄东侧。H=209m，E=118°6.9841′，N=35°27.4013′。

2.起源　据当地果农说，该板栗树明代栽植，距今约有500年。

3.分布与生境　该古树位于"中国板栗之乡"马头崖附近，马头崖是大青山突围战旧址，典型的青石山区，土壤瘠薄。该地区位于淮河流域沂河水系的祊河支流薛庄河上游，属于北暖温带季风区半湿润过渡性气候，棕壤土。十分适宜板栗生长。

板栗花

（二）植物学特性

该板栗王为落叶乔木，树高5.5m，冠幅东西12m，南北16m。树姿开张，长势良好，枝繁叶茂。枝下高1.8m，主干灰色，树皮深纵裂。树干1.7m以下腐烂中空，东侧树皮缺失，宽度达0.9～1.2m。

3月下旬至4月中旬开花，9月下旬至10月上旬成熟。

板栗叶

古板栗树

古树东侧

古树石碑

古树树干

149

（三）保存现状

在临沂市费县薛庄镇较好保护起来。

第三节 银 杏

一、概 述

（一）银杏的价值

银杏为银杏科、银杏属落叶乔木，是第四纪冰川之后唯一在中国保存下来的子遗物种，是公认的"活化石"。银杏树生长较慢，寿命极长，银杏果俗称白果，营养丰富，具有极高的食用价值，自然条件下从栽种到结果要20多年，40年后才能大量结果，因此又称作"公孙树"，有"公种而孙得食"的含义。

银杏是一种兼有食用、药用、生态、环保、自然景观等多功能的经济树种。银杏全身都是宝，种仁营养丰富，药食俱佳。年轻人食用可健身壮阳，老年人食用可延年益寿。银杏叶片、种子、外种皮、花粉均可入药，尤其是银杏叶是目前国内外研究、开发、应用的热点。银杏叶提取物(Ginkgo Biloba Extract，GBE)中主要活性物质为银杏黄酮类和内酯，可以促进血液循环、预防心脑血管疾病、降低胆固醇、预防血栓形成，提升记忆力、预防老年痴呆，

银杏

及抗氧化作用其开发出的产品也已经广泛应用于医疗保健。银杏树形态优美，高大挺拔，萌蘖力强、耐修剪，盘枝虬曲；叶扇形，秋季叶片金黄色，极富自然之美，是城市、园林美化的主要树种之一。银杏木材又称"银香木"，可加工制作高档家具、绘图板、建造精致建筑物、高级文化和乐器用品。由于银杏生长较缓慢，所以木材价格昂贵。银杏根系发达，具有涵养水源、防风固沙、保持水土、改善农田小气候等生态功

能，是退耕还林的理想造林树种；病虫害少、适应力强、抗逆性强，是著名的无公害绿化树种；此外，银杏是抗大气污染最强的四级树种，抗原子辐射能力最强。原子弹袭击日本广岛、长崎后，唯有银杏树第二年重新萌发出新枝。

泗水安山寺银杏

银杏是继第四纪冰川之后唯一得以保存的独科、独属、独种的孑遗树种。它在裸子植物中的位置以及许多原始特征，为人们研究人文、历史、古植物学、地质学、植物地理学、古气候、遗传学及物种进化论等提供了极其重要的科学资料。

（二）起源及发展现状

银杏类植物起源于2.7亿年前的早二叠纪，在侏罗纪和早白垩纪达到鼎盛。银杏类是植物经历第四纪冰川浩劫后孑遗下来为数不多的物种之一，而银杏是古代银杏类植物中遗留下来的唯一生存种，是历史的遗产和活化石，是揭示大自然奥秘的里程碑，是世界和现实的珍惜纽带。

根据已有的历史文献记载：三国时代，银杏盛产于江南，唐代已产于中原，宋代则更为普遍。南宋宝祐四年(1256)陈景沂所撰《全芳备祖》一书中对银杏已有专门的记述，并且在此前后开始由我国传入日本。现在世界上只有浙江省西天目山和四川、湖北交界处的神农架自然保护区，以及河南、安徽交界处的大别山一带狭小的深山谷地，还残存着为数不多的呈野生或半野生状态的银杏。银杏渡过了一个个漫长的世纪，才在自然界里繁衍至今。人们平时所看到的银杏都是人们长期栽培和保存下来的。银杏作为果树栽培的历史，文献记载只能追溯到2000年以前的汉代(前206—220)，最初在黄河流域栽植。在宋代(11世纪)，银杏已作为一个乡土树种在我国的东部沿长江以南栽植，并且已有关于银杏种子性别的描述。据宋阮阅撰《诗话总龟》记载，宋代由李文和将银杏传入今开封并在江北繁殖。这是历史上在银杏天然分布区外栽植唯一可查证的例子。但在江北及中心栽培区以外的某些省、市，已发现有1 500年以上的古银杏树。如山东省莒县浮来山一株商代所植的古银杏树，距今3 000多

郯城银杏王

五峰山洞贞观银杏

年。因此，关于银杏在中国的栽植历史有待进一步考证。

18世纪后，由于受欧洲植物学家的影响，特别是20世纪80～90年代，我国银杏栽培的理论和技术取得了举世瞩目的成就，尤其是核用栽培及加工利用技术居世界领先地位。目前，银杏栽培已遍布江苏、广西、山东、浙江、湖北、安徽、河南、山西、陕西、江西、四川、湖南等省（自治区）。其中江苏泰兴栽植株数达134.5万株。山东省郯城县百年以上大树达3万株，新栽银杏百万株。按照何凤仁(1989)意见，银杏良种应从长子类、佛指类、马铃类、梅核类和圆子类五大类群内选优。以大粒、优质、丰产、稳产为主要标准进行良种评选。全国各地银杏良种主要有大佛指、大佛手、洞庭皇、大金坠、七星果、大马铃、大圆铃、大梅核、大白果、长柄佛手、桐子果、金果佛手等。山东郯城品种较多，广西、福建品种种核偏小。

（三）银杏的植物学特性

高大落叶乔木，树冠塔形或卵圆形。枝条有长枝和短枝两种，长枝有伸长和分枝习性，生长快、年生长可达60～80cm；短枝着生于长枝上，生长慢、年生长只有0.3cm。单叶扇形，宽7～8.5cm，二或四浅裂，叶缘浅波状，有平行叶脉，叶柄细长；叶在长枝上呈螺旋状排列，在短枝上呈簇状着生。

银杏多为雌雄异株，雌雄花序均着生于短枝；雄花为葇荑花序，3～8个花序着生于短枝上，花药成熟期不一致；雌花1～8朵簇生于短枝上，每花有一个珠柄，顶端有两个胎座，每胎座着生一个胚珠。胚珠受精后形成种子。

种子由种梗、肉质外种皮、骨质中种皮、膜质内种皮、胚乳、子叶、胚7个部分组成，胚乳是食用部分。根系浅，40年生树根深不足2m，吸收根70％分布在20～70cm深的土层。每年抽梢一次，未结实幼树以抽发长枝为主，结实大树以抽发短枝为主，长枝上的芽可转变为短枝，短枝也可转变为长枝。

银杏休眠期长达100～120d，萌芽期只有15d左右。展叶和开花同期进行，抽梢和种子生长发育同时开始，种子成熟后叶开始变黄而脱落。银杏的花粉粒靠风力传送到雌花大孢子叶变成多毛游动精子才能进入颈卵器与配子体受精，因此自然授粉结实率低，人工授粉可提高结实率。

（四）山东银杏古树资源及保存利用

山东省共计138个县（市、区）、75个县（市、区）有古银杏，占54.35％。据报道，山东省共计古银杏22 030株，实测共计6 316株，其中654株具明确的地点或生长指标。山东省为齐鲁之邦、孔孟之乡，历史上就有重农桑、善果林、好园艺的优良传统。在泰山古树名木群、曲阜古树名木群以及沂蒙古树名木群中，银杏均居显要地位，但大多为零星分布，且多在黄河以南的寺庙、村庄及历史文化圣

银杏叶

地。根据调查结果显示山东省除东营、聊城两市外，其他地市均有不同数量的银杏古树分布。黄河以北只德州市齐河县赵庄镇有1株银杏古树。滨州市仅邹平县有1株，菏泽市仅单县有2株。古树资源集中分布在郯城县、临沂兰山区葛家平庄及海阳市。山东省境内的银杏古树名木从东到西、从南到北逐渐减少，以京杭大运河以东，黄河以南居多。从垂直分布上看90％以上的银杏古树名木分布在海拔500m以下，最高海拔是泰山扇子崖天尊殿附近718m。

郯城银杏栽培历史悠久，据清乾隆二十八年编纂的《郯城县志》记载，银杏历史上即作为主要栽植树种之一。郯城银杏古树遍及全县17个乡镇，集中分布在沿沂河的新村、港上、重坊、胜利、马头等乡镇，占全县银杏古树的90％以上，其他各乡镇多零星分布于村落、寺庙旁。集中分布在新村乡、重坊镇和港上镇，新村乡万亩古银杏园最为著名，据报道有古银杏树13 230株，沿沂河形成了3.0km长的银杏绿色长廊。

海阳市内20个乡镇均有银杏树散生，全市有银杏古树300余株，主要分布在朱吴镇后庄村，小纪镇笤帚夼、前沙和西野口村，盘石店镇大庄村，泉水乡余格庄等村。市内小纪镇、朱吴镇成为银杏生产示范基地，全市已发展到333.33hm²。

临沂市兰山区兰山街道葛家王平庄生生园内丛生银杏古树共385棵，占地12hm²，是目前全国最大的"复干银杏群落"。据考证，明崇祯年间（1628—1644）葛姓人由山西迁来此地定居，因靠近蒋家王平庄，所以命名为"葛家王平庄"。临沂城西枋河一带的村落多有种植银杏树的习俗，面积大而密集。葛家王平庄的这片银杏林栽植于清康熙年间，距今已有300年光阴。

（五）山东银杏文化

银杏作为中国的特有树种，千年古树在中华大地上屡见不鲜，历尽沧桑，是自然

历史变迁的见证。银杏树高大挺拔，气势雄伟，树干虬曲，葱郁苍健，叶似扇形，叶形古雅，姿态优美，春夏遒劲葱绿，秋季金黄可掬，给人以峻峭雄奇、华贵之感。银杏有"中国之菩提"之称，有着不受凡尘干扰的禅意。在中国的名山大川、古刹寺庵、无不有高大挺拔的古银杏，它们历尽沧桑、遥溯古今，给人以神秘莫测之感，历代骚人墨客涉足寺院留下了许多诗文辞赋，镌碑以书风景之美妙，文载功德以自傲。

银杏不仅是中国历史的见证者也是中国文化的代表者。古银杏树异常壮美，有的高大挺拔，有的火烧不死，有的老态龙钟……形成了积极向上、坚韧不拔的"银杏精神"。中华民族对银杏古树的崇敬，形成了一部悠久的银杏文化史。我国人民常把银杏寿龄长的特征与民族的性格、命运、历史联系在一起，可见对银杏极其钟爱。

银杏人文价值是无价之宝，是多社会功能的"文化树"，为中华民族所特有。中国园艺学界常把银杏尊崇为国树。随着银杏文化学研究进程的加快，它将推动着社会的文明和进步。

二、日照莒县浮来山银杏

（一）起源及分布

1. 地理位置 该树生长于日照莒县浮来山镇浮来山定林寺前院中央。H=237m，E=117°45.8267′，N=36°19.1238′。

2. 起源 该树生长于始建于南北朝时期的定林寺院内，树龄3 300余年，有"天下第一银杏树"的美誉。它是世界上最古老的银杏树，已被列入"世界之最"和《世界吉尼斯大全》。树下石碑林立，部分内容如下：

浮来山银杏树王

千年银杏王，文心雕龙史。迟浩田，二〇〇三年十月二十三日。

天下第一银杏树。王丙乾，一九九九年十一月二十九日。

浮来山银杏树一株，相传鲁公莒子会盟处。至今3000余年。枝叶扶苏，繁荫数亩，自干至枝，并无枯朽，可为奇观。夏月与僚友偶憩其下，感而赋此：大树龙盘会鲁侯，烟云如盖笼浮丘。形分瓣瓣莲花座，质比层层螺髻头。史载皇王已廿代，人经仙释几多流。看来今古皆成幻，独子长生伴客游。先籍霍丘鲁世守三韩莒守陈全国题，清顺治岁次甲午孟夏上浣之吉。

3.分布及生境　浮来山地处沂沭断裂带中部，位于莒南县城西9.0km处，主峰3座，呈三足鼎立之势。浮来山银杏王能经历三千年风雨而今仍枝繁叶茂，与特殊的地质背景有关：一是地处三山环抱之中、避风、向阳、冬暖夏凉，气候适宜；二是生长在与怪石峪、卧龙泉等地貌和高度相同的灰岩溶蚀阶地上，土壤沙壤土、厚实、肥沃、养分充足；

银杏树干

三是基底岩石的产状，决定了它既可以从高处源源不断地向银杏树输送水分和养分，又不至于太涝和太旱。

（二）植物学特性

落叶乔木，雌株。树高28m，胸径4.5m，冠幅32m。大树参天而立，冠似华盖，树姿开张，生长良好，年年尚能大量开花结果。干形通直，有长枝与生长缓慢的距状短枝。主枝6个，均匀分布，最小分枝角30°，最大分枝角60°。树皮灰褐色，不规则纵状开裂，枝下高3m。裸根遍布古树四周，面积约50m²。叶互生，在长枝上辐射状散生，叶扇形，两面淡绿色，在宽阔的顶缘多少具缺刻或2裂。银杏雌花，具一长柄，上载一对胚珠，形似火柴梗。单生于短枝顶端，与叶成螺旋状排列，2～8朵。3月中旬发芽，4月上旬至中旬开花，9月下旬至10月上旬种子成熟，在10～11月，叶片变黄，由于山上气温低，较城市里黄叶早些。

石碑

天下第一银杏树石碑

（三）保存现状

在定林寺中较好保护起来，管护单位：浮来山风景区管委会。古树编号JGS001，保护等级一级。

（四）文化价值

"七搂八拃一媳妇粗"的趣闻。相传在明嘉靖年间，一书生进京赶考，途中遇雨，就到这棵巨大的银杏树下避雨，忽然兴致上来，想考察一下树到底有多粗，就用搂抱的形式来测量树的围粗。书生竟然搂了七搂还没转到起点。正在他想搂第八搂的时候，被眼前的情况吓住了——书生量树的起点竟站着一位年轻的小媳妇。原来小媳妇也来大银杏树下避雨。由于树太大了，所以两人谁也没看见谁。怎么办呢？书生有心让那小媳妇让一让，但不好意思开口，但又不想放弃自己的测量，于是就只好改为用手拃的方法，悄悄向那小媳妇身边过去，数到第八拃的时候，正好到那小媳妇的身边，那小媳妇竟然也没觉察。可是，那小媳妇身体所占的位置怎么量呢？书生想不出别的办法，就只好把小媳妇的体宽也算测量的一个长度单位。于是银杏树的树围就成了"七搂八拃一媳妇"。几百年过去了，银杏树的树围早已超过了"七搂八拃一媳妇"，但是，"七搂八拃一媳妇"的趣闻，却在周围的村庄里世世代代流传。

三、青岛崂山太清宫银杏

（一）起源及分布

1.地理位置　青岛崂山风景区太清宫约有银杏古树18株。H=14m，E=120°40.3075′，N=36°8.3895′。

2.起源　太清宫银杏相传是宋代开国皇帝赵匡胤为太清宫道士华盖真人刘若拙敕建道场、重修太清宫时所植，距今已有1 000多年的历史。太清宫的银杏为雄株，这也可能与道家的戒律有关，所以这些树也跟着有了灵性，只开花不结果。太清宫银杏树冠呈塔形，主干粗壮，树形优美。

银杏介绍

3.分布及生境　太清宫居崂山东南端，由宝珠山的七座山峰三面环抱。老君峰居中，左为桃园峰、望海峰、东华峰依次而东，右为重阳峰、蟠桃峰、王母峰依次而西。宫在峰下，大海当前。7座山峰挡住了来自北方的冷空气，南面又有暖湿气流不时从海上送来，使这里具备了亚热带气候的某些特征。特殊的地理环境、适宜的气候条件为太清景区各种植物提供了良好的生存条件，所以这里被人们誉为"崂山小江南"。

银杏枝干

（二）植物学特性

落叶乔木，太清宫古银杏树龄均在500年以上，其中三官殿院内东西两侧均有一株1 000年以上的银杏古树。东侧树高30m，胸径1.5m，冠幅13m，枝下高5m。生长旺盛，树冠塔形，树干挺拔，树姿优美，树体基部有瘤状凸起。树干粗壮，略向南倾斜，侧枝多，生长旺盛。西侧树高30m，胸径略小于东侧树，约1.2m，向西倾斜40°，冠幅10m，生长旺盛。景区内树体干形通直，有长枝与生长缓慢的距状短枝。主枝均匀分布，枝下高5m。3月底发芽，4月中旬开花，在10月底至11月之间，叶片变黄。

银杏古树

（三）保存现状

两株银杏的树龄均为1 000余年，属国家一级保护古树。现由青岛市崂山风景管理区管护。

（四）文化价值

据《崂山太清宫志》记载，太清宫三官殿大门两侧银杏树"春先荣，秋晚凋，较之别树相差数十日"。宋建隆元年，宋太祖赵匡胤闻刘若拙为前朝刘知远之后，召京入觐，谈玄论道，太祖大悦，敕封"华盖真人"，留京布教，后经准奏封敕回崂山。太清宫从晋代、唐代至后唐屡次维修，均为石墙草顶，980年前后刘若拙奉旨修建太清宫时改为灰瓦顶面。自此以后，太清宫维修多达数十次，为纪念刘若拙的功绩，建筑特色至今保留着宋代建筑的风格。三官殿这两株千年古银杏，伟岸粗犷、苍老遒劲，无言地见证了太清宫的千年历史变迁。

四、济宁泗水安山寺银杏

（一）起源及分布

1.**地理位置**　位于山东济宁市古刹安山寺内。H=220m，E=117°23.6618′，N=35°33.6733′。

2.**起源**　寺院内两株唐代所植银杏树，高20m，相距10m，根深叶茂，树冠如盖，其中一株为雄树，它的年代比寺庙还要久远，据传为"万世师表"的孔子亲手栽种，已有2 500多年的历史，雌株600余年。

雄株银杏

3.**分布及生境**　安山寺位于泗水县城东南15km处，S244省道右侧，处于安山、马山、红顶山群山环抱之中。寺院依山傍水，环境优雅，历来为旅游避暑名胜之地。安山寺始建于唐贞观二十三年（649），原名安山涌泉寺（因寺旁有涌珠泉而故名）。此地享有"安山春秀"之称。明清三次重修，乃东鲁佛教圣地。

（二）植物学特性

落叶乔木，寺前有千年夫妻银杏树两棵、数人可搂、树冠如盖、根深叶茂。雄树高28.8m，胸径2.53m，冠幅20m，树冠覆盖面积428m²。雌树高23.8m，胸径0.67m，冠幅东西13m，南北20m，树冠覆盖面积260m²。两树树体干形通直，有长枝与生长缓慢的距状短枝。主枝均匀分布，分枝角30°～60°。树皮灰褐色，不规则纵状开裂，枝下高3m。叶互生，在长枝上辐射状散生，叶扇形，两面淡绿色，在宽阔的顶缘多少具缺刻或2裂。3月中旬发芽，4月中旬开花，9月中旬至10月上旬种子成熟，在10～11月，叶片变黄。

古树2

银杏枝干

（三）保存现状

雄树已有2 500余年，传为当年孔子所植，有"孔子手植树"立石刻字，雌株600余年。属国家一级保护古树。现由安山寺管理委员会管护。

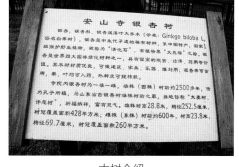
古树介绍

（四）文化价值

关于安山寺夫妻银杏树的神奇，还流传着一个美丽的传说。据传很久以前，玉皇大帝驾前有一对执扇的金童玉女。他们心心相印，因羡慕人间夫妻恩爱的生活，私自下凡，定居在山清水秀的安山脚下，化作雌雄银杏树，朝夕相伴，不弃不离。玉帝闻知大怒，于是派雷公电母来到安山寺，雷击雄树，并把玉女带回天宫软禁。金童玉女天地分离，却更日夜牵挂对方，虽时过近千年，但思念有增无减，让仁厚慈祥的太白金星深受感动，于是其趁看守不备，救出玉女，秘密把她送回安山。玉帝知晓此事后，被玉女金童的真情所打动，也不再追究。玉女与金童重新团聚，重焕青春，在原来雌树位置长出一棵新银杏树。金童处处呵护玉女，用巨大的身躯为其挡风遮雨，他们相依相伴，览安山景秀，听流水潺潺，阅人间秋色，结累累果实，树立了真爱到永远的榜样，深受后人的仰慕和赞誉。

五、青岛城阳法海寺银杏

（一）起源及分布

1. 地理位置　法海寺位于青岛市城阳区夏庄镇源头村东，H=51m，E=120°26.5274′，N=36°14.0378′。

2. 起源　法海寺是青岛地区最古老的佛教寺院之一，因纪念创建该寺的第一代方丈法海大师而得名。寺始建于北魏，宋嘉佑年间重建。院内大雄宝殿前有两株银杏树，在青岛有这样一句谚语：先有白果树，后有即墨城。法海寺银杏树有着1600多年的历史。

古树牌

3. 分布及生境　法海寺位于青岛市城阳夏庄源头村东侧，北依峰峦连绵的少山，南濒水波荡漾的源头河，有名的石门山傍其左，秀丽的丹山立其右，寺前不远是距今已有3000多年历史的霸王台遗址。

（二）植物学特性

落叶乔木，法海寺银杏古树共有3株，门口1株，寺内2株。门口一株为雄株，树高28m，胸径1.2m，冠幅9m，枝下高5m。生长旺盛，树冠卵圆形，略向北倾斜。主干粗壮，树皮粗糙，有6个分枝，分枝较大。寺内一雌一雄，雌株树高27m，胸径

雄株银杏

2株古树

1.33m，冠幅16m，枝下高4m，树冠卵形，冠幅较大，枝下高4m。雄株树高22m，胸径0.6m，冠幅东西7.0m，南北4.0m，枝叶正常，树冠性状不规则。寺内银杏树体干形通直，有长枝与生长缓慢的距状短枝。树皮灰褐色，不规则纵状开裂，枝下高5m。叶互生，在长枝上辐射状散生，叶扇形，两面淡绿色，在宽阔的顶缘多少具缺刻或2裂。3月底发芽，4月中旬开花，9月下旬至10月上旬种子成熟，在10月底至11月之间，叶片变黄。

银杏果

（三）保存现状

3株银杏的树龄均为1 600余年，属国家一级保护古树。现由青岛市城阳区人民政府管护。

（四）文化价值

法海寺位于城阳区夏庄镇源头村东，建筑年代至今尚未确定，一说创建于北魏武帝年间，一说创建于三国武帝年间。但有一点是肯定的，该寺是第一代方丈法海大师在此建立的，由此法海寺的名字便一直沿用至今。前院有银杏树两株，已有1 600多年。

相传，魏晋时期东汉僧人法海在60多岁时，去尼泊尔、印度、斯里兰卡求取佛经，历时13年。乘商船返国途中遇飓风，于东晋义熙八年（412）漂泊到崂山南岸登陆，被长广郡太守李嶷接至不其县城。法海居住在县城期间，翻译了不少佛经，不仅对佛教在青岛地区的传播有一定影响，而且对佛教经典在中国的传播做出了巨大贡献。

六、烟台福山岠嵎寺银杏

（一）起源及分布

1.**地理位置**　岠嵎寺位于烟台市郊，地处福山区张格庄镇，H=58m，E=121°12.5093′，N=37°21.5138′。

2.**起源**　这棵银杏树是唐代栽植的，已有超过千年的历史。岠嵎寺始建于唐代，在元代曾重建，现代又重修过，寺院的模样虽然屡有变化，不过银杏树却始终如一。

3.**分布及生境**　岠嵎寺始建于唐开

古银杏树

元年间，是胶东史载最久的古刹。岹垆寺位于烟台市福山区的蛤垆山麓，其自然风光"岹垆烟云"被誉为"烟台八景"之一。据史籍记载，此山"望之如见君子，草木畅茂，巅有灵泉，常有云冠其巅"。岹垆寺规划用地面积约90hm²，其中一期用地重建寺院的占地为5.9万m²，坐落于一座山谷，东、南、西三面环山，地势自东南至西北渐低，最高点为海拔210m，最低点为海拔47m，绝对高差163m，谷内部分场地相对平坦。

（二）植物学特性

寺院外侧有千年古银杏一株，树龄已达1 200年。从唐代算起，虽经千年风雨沧桑，现仍枝繁叶茂、生机勃勃，每年结果500kg左右，被喻为"福山树王"，周围很多百姓至今仍延续着"祭树"的风俗。银杏冠幅达四五十米，4个成年人才可以抱得过来。

古树枝条

岹垆寺银杏树高26.8m，胸径1.61m，冠幅22m，枝下高3m。生长旺盛，树冠倒塔形，树冠庞大，整体向北倾斜。主干粗壮，直径0.5m，树皮粗糙，有8个分枝，在主干上均匀分布。树皮灰褐色，不规则纵状开裂。叶互生，在长枝上辐射状散生，叶扇形，两面淡绿色，在宽阔的顶缘多少具缺刻或2裂。3月底发芽，4月中旬开花，9月下旬至10月上旬种子成熟，在10月底至11月之间，叶片变黄。

（三）保存现状

银杏的树龄为1 200余年，属国家一级保护古树。现由岹垆寺管理委员会管护。

（四）文化价值

提到岹垆寺，就不能不提大雄宝殿后面那棵大银杏树。这棵银杏树相传是唐代种下的，距今已经有约1 200年的历史。过年祈福的时候，很多人都会来到这里，在红绸上写上自己的新年祝愿，每年正月初一之后，银杏树下面的走廊当中都会挂满一片红绸。关于岹垆寺的初建有一个传说，相传修建时，寺

树王介绍

院周围无水可取，要到南面很远的一个水潭挑水。

一天，主持修建的明朗大师率弟子挑水归来，途中遇见一位精神矍铄的老人，老人问道："你们挑水做什么？"明朗回答说："修建寺院。"老人大笑，说："大兴土木，需要很多水，仅靠挑水，谈何容易？"明朗笑着回答说："九层之台，起于累土。千里之行，始于足下。"老人提出想要喝水，并且一

峪崌寺

下子将僧人挑的水全部喝光了。明朗看了看，不但没有生气，反而问老人水够不够。老人笑着从怀中掏出一个小匣交给明朗说："你在寺前选一块空地，将匣子放在中央，然后打开。"说完，老人便消失了。明朗打开小匣，从匣中飞出一只巨蛤，腾空而去，地上随即出现一个老大的水潭。有了水，峪崌寺很快就修起来了。

七、济宁孔庙宋银杏

（一）起源及分布

1. 地理位置　位于曲阜市中心鼓楼西侧300m处，是祭祀中国古代著名思想家和教育家孔子的祠庙。H=63m，E=116°59.4397′，N=35°35.8163′。孔庙与孔府、孔林合称"三孔"，1961年"曲阜孔庙及孔府"被列为第一批全国重点文物保护单位，1994年12月被联合国教科文组织列为世界文化遗产。

2. 起源　曲阜孔庙诗礼堂院内有两棵宋代银杏树，虽然历经千载，仍枝繁叶茂，至今每年都会结果。孔府宴上一道名菜"诗礼银杏"即来源于此。

3. 分布及生境　曲阜北、东、南三面环山，有凤凰山、九仙山、石门山、防山、尼山等百余

古银杏树

座山头分布，中西部是泗河、沂河冲积平原，位于鲁中南山地丘陵区向华北平原的过渡地带，构成了东北高、西南低的基本地势。曲阜属暖温带季风性大陆气候，四季分明，降水较为丰沛，具有春季多旱、夏季多雨、秋季干旱、冬季干冷少雪的气候特点。

（二）植物学特性

古银杏树

孔庙承经门诗礼堂院内有雌雄两株银杏，树龄均为900年，东为雄株，树高15.5m，胸径1.3m，冠幅东西10m，南北13m。树冠塔形，顶部枯梢较重，主干通直，树体基本到上具有干生树瘤，并萌生新芽树皮光滑，木质部腐朽已久。西为雌株，'五女守母'。树高18m，胸径1.08m，东西冠幅13m，南北冠幅17m。树冠广卵形，主干通直，树皮深纵裂。叶互生，在长枝上辐射状散生，叶扇形，两面淡绿色，在宽阔的顶缘多少具缺刻或2裂。银杏雌花，具一长柄，上载一对胚珠，形似火柴梗。单生于短枝顶端，与叶成螺旋状排列，2～8朵。雄花为下垂的柔荑花序状结构。每一短枝上着生3～8朵。3月底发芽，4月中旬开花，9月下旬至10月上旬种子成熟，在10月底至11月之间，叶片变黄。

宋银杏牌

（三）保存现状

由于工作人员精心呵护，加之气候适宜，每年银杏树果实丰硕累累。由曲阜市人民政府管护。

（四）文化价值

诗礼堂，始建于宋代。原为宋真宗大中祥符元年拜谒孔庙驻跸之所，后供孔氏族人祭祀时斋居，并做讲学之用。金代重建，明弘治时，为纪念孔子教育儿子孔鲤学《诗》学《礼》命名诗

古树树干

银杏叶

礼堂。明弘治十七年因东庑东迁，诗礼堂也"稍迁而东"重建。清代时祭祀前在诗礼堂演礼，圣祖、高宗祭祀孔子时曾在此听孔子后裔讲解经书。

八、潍坊临朐沂山东镇庙银杏

（一）起源及分布

1.地理位置　沂山东镇庙位于潍坊沂山东麓九龙口、东镇庙村东侧。H=286m，E=118°39.8996′，N=36°11.8641′。沂山为中国东海向内陆的第一座高山，有"大海东来第一山"之说，素享"泰山为五岳之尊，沂山为五镇之首"的盛名。

2.起源　元初栽植。相传东镇庙的银杏树原本是雌、雄两株，雄株于20世纪70年代被杀伐，仅剩雌株，只花不果，但近年雌株顶端自生雄株，又结果实，游客美其名曰"连理连体银杏树"。

3.分布及生境　背依凤凰岭，面临汶水，避风向阳，山清水秀，风景清幽雅致。沂山属于温带季风气候，生态资源优良，森林覆盖率高达98.6%以上，四季分明，降水较为丰沛。

| 雄株银杏 | 雌株银杏 | 古树枝干 |

（二）植物学特性

院内有银杏2株。一株为元初补植银杏，一株近代银杏。元银杏雌雄同株，树龄700余年，树高20m，胸径1.2m，冠幅12m，树干粗壮，树形优美。树皮灰褐色，不规则纵状开裂，枝下高5m。叶互生，在长枝上辐射状散生，叶扇形，两面淡绿色，在宽阔的顶缘多少具缺刻或2裂。银杏雌花，具一长柄，上载一对胚珠，形似火柴梗。单生于短枝顶端，与叶成螺旋状排列，2~8朵，与叶同时展开。雄花下垂的柔荑花序状结构。3月中旬发芽，4月中旬开花，9月中旬至10月上旬种子成熟，在10~11月，叶片变黄。

古树介绍

（三）保存现状

东镇庙银杏已成为东镇庙乃至沂山景区的一道靓丽的风景，也是周边百姓游览祈福的神仙树。东镇庙银杏已由临朐县人民政府进行管护，保护等级Ⅰ级，保护现状良好。

（四）文化价值

东镇庙始建于西汉太初三年（前102），是历代君王祭祀沂山的皇家道场。庙内碑碣、古木林立，香火缭绕，衬托出庙宇的典雅和肃穆。庙内原植银杏为雌雄两株，西雄东雌，为宋仁宗景佑三年（1036）所植，南宋末年，东株遭雷击起火，元初补植，距今700余年，雄树1968年被砍伐，雌树只开花不结果，事成蹊跷，雌树自生雄树，复果，故称"母子连体连理树"。

九、威海乳山万户村银杏

（一）起源及分布

1. **地理位置**　乳山万户村银杏，地处大孤山镇。H=70m，E=121°39.1589′，N=36°58.1932′。

2. **起源**　乳山万户村银杏具体栽植年代无从查考，但据传说，北宋末年，岳飞抗金，金兵到此地时，几名抗金志士曾匿藏于此树之上，躲过金兵的追捕，可见在800多年前此树已长有一定规模。在千年银杏树旁有一座石碑，碑正面雕刻着"沧海桑田千年树，人杰地灵万户村"14个大字。该题词由中央军委原副主席、国防部原部长迟浩田亲题。

3. **分布及生境**　大孤山镇位于乳山市中部偏东，境内多山丘，棕壤土为主。属暖温带东亚季风型大陆性气候，四季变化和季风进退都较明显，与同纬度的内陆相比，具有气候温和、温差较小、雨水丰沛、光照充足、无霜期长的特点。该镇种植业发达，盛产巴梨、大姜、茶叶。森林覆盖率达到35%，2019年10月22日，大孤山镇被授予"山东省森林乡镇"称号。

古银杏树侧面 古树全景

（二）植物学特性

银杏树虽经千年风雨沧桑，现仍枝繁叶茂、生机勃勃。据碑文上记载，该银杏树高26.8m，胸围7.14m，胸径2.08m，冠幅840m²，树龄1 200多岁，是胶东地区树龄最长、胸径和冠幅最大的银杏古树。该树为雌株，但结果量不大，树形优美、树冠大、阔塔形。树干高大挺拔，树皮灰褐色，不规则纵状开裂。该树也为垂乳银杏，在南侧树干有2个瘤状物突起。分枝多，均匀，从树干4～6m处分出。叶互生，在长枝上辐射状散生，叶扇形，两面淡绿色，在宽阔的顶缘多少具缺刻或2裂。3月底4月初发芽，4月中下旬开花，9月下旬至10月上旬种子成熟，在10月底至11月之间，叶片变黄。

（三）保存现状

银杏的树龄为1 200余年，属国家一级保护古树。该古树是周围村民祈福许愿的神仙树，由乳山市人民政府管护。

（四）文化价值

万户村石碑上记载，"万户村建村已有2 000多年历史，起远祖为姜子牙

石碑1

石碑2

后裔，于前210年辗转迁居此地，始名山庄，南宋末年更名鲁宋里。蒙古太祖十七年（1222），成吉思汗东下山东，该村义士姜户被授宁海州同知之职，后累迁昭武大将军、元帅左监军、宁海州刺史等职及潍、莒、密、宁海州总管万户等职；1240年病卒于位，村民遂以其官职更村名为万户村"。

北宋末年，岳飞抗金，当地百姓纷纷响应，金兵到此地时，有几名当地抗金志士曾匿藏于此树之上，躲过金兵的追捕，可见在800多年前此树已长有一定规模。此树一直被当地人认为是风水宝树，周围百姓敬树如神，每逢节日或办喜事，人们都在树上挂彩贴红，以求吉利。

十、济南长清灵岩寺银杏

（一）起源及分布

1. **地理位置**　位于山东济南市长清区万德镇境内。H=297m，E=116°58.6166′，N=36°21.7284′。

2. **起源**　长清灵岩寺内有古银杏树8株，树龄400～1100年。分别在甘露泉（1株）、大雄宝殿前（3株）、辟支塔（1株）、大殿东路（2株）、十里松（1株）。现存灵岩寺是唐贞观年间（627—649）慧崇高僧建造的。

3. **分布及生境**　灵岩寺位于泰山西北麓灵岩山脚下。灵岩山是泰山十二支脉之一。灵岩山原名方山，因山顶平坦，四壁如削而得名。山之阳，是满月葱茏的灵岩峪，曲折起伏的山峦向东西两侧延伸，灵岩寺就坐落在这翠谷之中。灵岩寺，四季分明，气候宜人，动植物丰富。灵岩主景区共有林地面积万亩，分为针叶林、竹林、经济林三大类。

辟支塔古银杏

（二）植物学特性

灵岩寺内有古银杏树8株，其中，甘露泉附近一雌株，树高15m，胸径1.2m，冠幅东西15m，南北20m，枝下高2.5m，树体长势一般，主干倾斜。大雄宝殿前3株，1雌2雄，雌树在大殿内西侧，较2雄株树体小，胸径1.16m，冠幅15m，生长一般，主干上部有干枯，有3个复干，复干最粗0.48m，分枝生长旺盛。2雄株胸径均为1.05m，树皮灰褐色，分别在大殿的中间和东侧。中间一株树高分别为20m，枝叶茂密，主干上部劈裂，基部有萌蘖；东侧一株树高25m，但整株生长较弱，上部劈裂，基部有萌蘖。辟支塔东北部为雌株，树高12m，胸径1.0m，冠幅11m，树皮灰褐色，整株生长较弱，母干已干枯，仅复干生长，枝叶量较小。复干多，最粗0.45m。有萌蘖，结果较多。大殿东路2株，树高分别18m和16m，胸径0.6m和0.7m，2株均生长旺盛。十里松农田内有一株，生长较好。叶互生，扇形，在宽阔的顶缘多少具缺刻或2裂。3月中旬发芽，4月中旬开花，9月中旬至10月上旬种子成熟，在10~11月，叶片变黄。

银杏叶

（三）保存现状

灵岩寺是世界自然与文化遗产泰山的重要组成部分，是全国重点文物保护单位，国家级风景名胜区，全国首批4A级旅游区。灵岩寺银杏属国家一级保护古树。现由长清区灵岩寺景区具体管护，保护现状良好。

宝殿前雄株银杏

宝殿前3株古银杏

灵岩寺石碑

（四）文化价值

自明代以来，灵岩寺就有"灵岩寺为泰山背幽绝处，游泰山不游灵岩不成其游"之说。作为泰山的组成部分，灵岩寺1987年被列入《世界自然与文化遗产名录》。

灵岩寺历史悠久，建寺距今已有1 600多年。前秦苻坚永兴中（357）"竺僧朗卜

银杏牌

居于此，始建精舍数十区"。朗公创建的寺院，兴盛不到100年，北魏太武帝（拓跋焘）太平真君七年（446）造灭佛之劫，庙宇全部被毁。至北魏孝明帝正光年间（520—525），法定禅师来此，重建寺院于方山之阴曰"神宝"（在小寺村南现仅存遗址），后又建寺于方山之阳曰"灵岩"（在今寺址东北甘露泉旁）。

现存灵岩寺是唐贞观年间（627—649）慧崇高僧建造的，但经宋、元、明几代修葺，已非原建（多属宋代）。宋真宗景德年间（1004—1007）灵岩寺改称"敕赐景德灵岩禅寺"。宋仁宗景佑年间（1034—1038）琼环长老（法号重净）拓广，重修五花殿（今已圮）。宋嘉佑六年（1061），重修千佛殿时又扩建。明宪宗成化四年（1468）又改称"敕赐崇善禅寺"，明世宗嘉靖年间（1522—1566）复名灵岩寺，至此灵岩寺的规模已相当可观。

十一、临沂郯城银杏古梅园"老神树"

（一）起源及分布

1. **地理位置**　"老神树"位于郯城新村银杏园旅游区银杏古梅园内，距郯城县城不足20km。H=37m，E=118°8.5217′，N=34°34.9901′。

2. **起源**　该树是周代郯国的国王郯子亲手所植。它是全国第一银杏雄树，距今有3000年的历史。该树于1979年被列为县级重点保护文物，为此郯城县政府在此建立了"新村银杏古梅园"。"老神树"旁边一处石碑记载：据清代《北窗琐记》记载，距今已经3000多年，树高41.9m，胸径8.2m，占地约0.1hm²，为世界第一银杏雄树。清光绪《重修宫行奇记》碑文云："有大树焉，横十围而高耸空冥，院宇为之肃森"。

老神树

3. **分布及生境**　郯城新村银杏园旅游区总面积为9.9km²，有百年以上的结果大树数万棵，全国最大的古银杏林带绵延10km，是我国目前保存面积最大的古银杏群落。旅游区地处沂河冲积平原，平均海拔34m，土壤为河潮土，质地为沙壤和轻壤；气候为暖温带半湿润季风气候，四季分明。园区自然景观丰富优美，古银杏、古槐、古柏、古梅以及古栗、古柿树等，显示出浓重的古色古韵风貌。

古树牌

（二）植物学特性

落叶乔木，嫁接雌雄同株。雄树树高40m，胸径2.6m，冠幅21m，枝下高4m。树冠高大，参天而立，树冠形状不规则，顶部较平。该树生长旺盛，主干挺拔，粗壮，有2个主枝，均生长粗壮，一主枝向东延伸，一主枝直立生长。雄株生长旺盛，枝繁叶茂，每年谷雨时节，可为方圆30km范围内的银杏雌株授粉。树干底部嫁接了雌株，以后，几经嫁接，现在此树可接14个品种的银杏，在国内实属罕见，因此，被当地居民尊称为"老神树"。树皮灰褐色，不规则纵状开裂，叶互生，在长枝上辐射状散生，叶扇形，两面淡绿色，

老神树介绍

在宽阔的顶缘多少具缺刻或2裂。银杏雌花，具一长柄，上载一对胚珠，形似火柴梗。单生于短枝顶端，与叶成螺旋状排列，2～8朵。3月初发芽，4月上旬至中旬开花，9月下旬至10月上旬种子成熟，老神树落叶时间比一般银杏树晚20d左右。一般在12月上旬，叶片变黄。叶片脱落时间比较集中，遇冷空气后，一般2～3h便会基本脱落。在阳光下，如万千彩蝶飞舞，蔚为壮观。

（三）保存现状

"老神树"现已经成为郯城的一张城市名片。"银杏古梅园"更是以老神树为基础更名的，在银杏古梅园中较好保护起来，管护单位：郯城县人民政府。

（四）文化价值

老神树已经成为郯城的一张城市名片，在整个银杏产业链中也占据了非常重要的一环。古朴苍劲的千年古木和岁月斑驳的人文气息交相辉映，形成了郯城新村独特的风光。"老神树"历经沧桑，聚日月之灵秀，蓄天地之精华，伟岸挺拔，树叶繁茂，遮

天蔽地，荫泽万代，留下了数不胜数的神话传说。比较出名的是"白果姑娘治病救人"的故事。

树干基部

相传明代，郯城县北涝沟村出了个监察御史张景华，他为官清正，刚正不阿，深受老百姓的赞誉。有年秋天，其母身染沉疴，咳喘不止，求遍京城名医，却医治无效。张景华只得送母返乡，悉心调养。张家有个使女，名叫白果姑娘，生得聪明伶俐，为人勤劳善良，深得老太太喜欢。返乡之后，老太太茶不思，饭不想，急得全家人愁眉苦脸，心神不安。说也正巧，白果姑娘的母亲来看女儿，顺便捎来自家产的一些白果，好心的白果姑娘一连数天煮给老太太品尝。老太太吃后，顿觉浑身爽快，消除了气喘咳嗽，脸色渐渐红润，身体慢慢恢复如初。老太太病愈，全家人自然欢喜，忙将喜讯报给京中的张御史，张御史喜不自禁，随即修家书一封，并附小诗一首"少小白果一片心，巧用白果医母亲。村姑去我心中忧，堂前不可轻待人"。老太太阅罢儿子的回书，待白果姑娘如亲生女儿，倍加疼爱。光阴荏苒，一晃几年过去，张御史不满祸国奸逆的行径，辞官回归故里，他十分感激白果姑娘，为她在武河岸边置了些田地，并帮其择婿成婚。自此，白果姑娘栽种白果，养儿育女。天长日久，人们便称这里为"白果树"村，成为远近闻名的银杏之乡。

十二、泰安玉泉寺银杏

（一）起源及分布

1.地理位置 玉泉寺位于泰山东北麓的谷山，创建于北魏时期，距今已有1400多年的历史。千年银杏位于玉泉寺大殿前，距今1300余年。H=599m，E=117°5.0317′，N=36°18.2513′。

2.起源 玉泉寺内有古银杏3株，其中大雄宝殿前的两株银杏，南门1株，树龄已有1300多年，为泰山银杏之最，据清代光绪年间《重修谷山玉泉寺碑》记载，"有银杏三株，簇生，每大二十余围，诚旷

玉泉寺碑

世所罕见，闻而慕之。"

3. **分布及生境**　玉泉寺位于岱顶北，直线距离为6.3km，山径盘旋20多km。有公路与泰城相通。寺东南有莲花峰、香炉峰、周明堂故址、天井湾；西为摩天岭；南临卖饭棚子；北依返倒山、长城岭，群山环抱，密林掩映，高崖飞涧，人迹罕至。寺东苹果园内石砌地堰下有一处古泉，是为玉泉，玉泉俗称八角琉璃井，常年泉水不断，大旱不涸，水质纯净、清冽甘甜。

殿前东侧古银杏

（二）植物学特性

大殿门口两株银杏均为雌株，分别在大殿小路两侧，西侧一株树高为30m，胸径1.7m，冠幅18m，枝叶量大，主干有4个主枝，分布均匀，枝下高4m，结果量不大。东侧一株树高35m，胸径2.4m，冠幅16m，是灵岩寺最粗的一株，树冠偏东，树形优美，枝叶量较大，主枝2个，一枝向东，一枝直立生长，树干由几株复干合生而成，树干不规则纵裂，且凹凸不平。结果量一般。南门口银杏树高35m，胸径1.3m，冠幅18m，该树生长旺盛，树形优美。方圆10km范围内无银杏雄株，但3株银杏均能结果。树皮灰褐色，不规则纵状开裂，叶互生、扇形。3月中旬发芽，4月上旬至中旬开花，9月下旬至10月上旬种子成熟，11月上中旬，叶片变黄。

（三）保存现状

千年银杏树是千年古刹玉泉寺的标志性古树之一，寺庙内有银杏3株，每年深秋时节，满地金黄的银杏叶，都会吸引大量游客前来打卡拍照，现在3株古树被很好地保护起来。管护单位：泰山景区管理委员会。

（四）文化价值

"谷山深藏谷禅宗，道路崎岖幽静通。参天银杏高台傍，岗峦荫蔽一亩松。"这首诗描写的就是千年古刹玉泉寺。玉泉寺由南北朝时由北魏高

2株古银杏

僧意师创建，后屡建屡废，1993年在旧址上重建大雄宝殿及院墙。

　　"玉泉"二字是金代大学士党怀英所书。寺西山腰有党怀英撰书并篆额《谷山寺记》碑。寺两侧山冈上因有天然大脚印嵌在石内，故俗称东、西佛脚山。寺南为佛谷，谷南是恩谷岭，又南是谷山。谷山屹耸特异，绝顶孤松挺秀，俗名定南针。山顶西北部有两个金矿洞。传为元初长春真人邱处机炼丹处。谷山之南有一地名叫卖饭棚子，旧时济南、历城、章丘、淄博等地的进香者沿此路登岱顶，僧人和山民在此行善舍饭或卖饭。

玉泉寺门口

玉泉寺银杏

十三、泰安岱庙银杏

（一）起源及分布

　　1.**地理位置**　泰安岱庙银杏古树有多株，其中最大的两株是位于宋天贶殿后面。树龄400～500年。岱庙位于山东省泰安市区北，泰山南麓，俗称"东岳庙"。H=134m，E=117°7.4854′，N=36°11.7741′。

　　2.**起源**　清代种植，具体时间不详。清康熙七年（1668），泰安发生强烈地震，多处宫殿及墙垣坍塌。康熙十六年（1677）五月，重修泰安东岳庙竣工。古银杏大概在此

古树牌

期间种植。

3.**分布及生境**　泰山东西绵延而立，其地势北面山坡陡峭多峻岭，南面则坡缓，向南延伸至广袤平地。北高南低，北陡南缓成为泰山南麓的主要地理特点。岱庙"负阴抱阳，背山面水"，北面是巍巍泰山，南面是东湖和南湖；地势上北高南低，气候上春暖夏凉。由于地形高差较大，即使雨水再大，不会形成洪涝灾害，同时也能满足沿岸生活用水和灌溉的需求。

古树位置

（二）植物学特性

宋天贶殿后东面一株银杏，雌株，树龄500年，树高35m，胸径1.6m，冠幅24m，枝下高5m，树木生长旺盛，树冠倒塔形，树形优美，树干挺拔，有多个分枝，最粗的分枝直径0.45m。西侧一株银杏，雌株，较东侧银杏树稍小，树高27m，胸径1.3m，冠幅18m，枝下高3.5m，树冠倒塔形，主干挺拔，树形优美，有多个分枝，但分枝角相对较小，分枝角约为20°。天贶殿两株银杏生长均较好，结果量一般。岱庙蜡像馆及泰安庙会展馆门口均有银杏树，但均为近代种植，树龄、树高均小于天贶殿前2树。树皮灰褐色，不规则纵状开裂，叶互生、扇形，在宽阔的顶缘多少具缺刻或2裂。银杏雌花，单生于短枝顶端，与叶成螺旋状排列，2～8朵。3月中旬发芽，4月上旬至中旬开花，9月下旬至10月上旬种子成熟，11月上中旬，叶片变黄。

天贶殿后古银杏

古银杏1

古银杏2

（三）保存现状

银杏树也已成为全国重点文物保护单位岱庙的重要组成部分，是泰山历史文化的见证者，也是泰山历史文化的缩影，具有重要的历史、文化、艺术价值。现在由泰山景区管理委员会，泰安市博物馆等具体管护。

古银杏3

（四）岱庙历史沿革

岱庙创建于汉代，为泰山信仰的祖庭，有"秦即作畤"、"汉亦起宫"之载。汉武帝时期（前140—前87），汉廷于博县境内建泰山庙（又名岱宗庙，后世习称东岳庙，即今岱庙的前身）。东魏兴和三年（541），兖州刺史李仲璇重修岱岳祠，并"虔修岱像（泰山神像）"。此为岳庙设立泰山神像之始。隋、唐、宋期间，东岳庙多次修缮，宋徽宗嗣位后，屡降诏命，增葺岳庙，至是竣工，称"凡为殿、寝、堂、阁、门、亭、库、馆、楼、观、廊、庑，合八百一十有三楹"。宋末开始，战乱不多，元、明时期战事频繁，东岳庙多次修缮也多次被毁。明太祖洪武三年（1370）六月，明太祖以"岳渎之灵受命于上帝，非国家封号所可加"，诏去泰山神封号，改称东岳泰山之神，立碑岳庙诏告天下。嘉靖二十六年（1547）十二月，岱庙起火，正殿、门廊俱焚，仅存寝宫及炳灵、延禧二殿。古树、碑刻也多被毁。此后朝议重修，聚材鸠工，历时十余年始开工重建。清康熙七年（1668）六月十七日夜，泰安发生强烈地震，东岳庙配天门、三灵侯殿、大殿等墙垣坍塌。康熙十六年（1677）五月，重修泰安东岳庙竣工。1949年7月，开始修复岱庙。

1953年，整修岱庙天贶殿、东御座等主要建筑8处。1957年和1984年又经过两次大修。2004年，修复岱庙北、东城墙部分，至此岱庙城墙完善工程基本完成。

十四、济南长清五峰山洞真观银杏

（一）起源及分布

1.地理位置　位于济南西南22km处的长清五峰山洞真观内，树龄2500年。H=188m，E=116°50.0267′，N=36°26.7863′。

2.起源　五峰山是江北最大的道教圣地之一。洞真观创建于金章宗泰和年间（1201—1208），为全真教道士丘志所建，千年银杏树为建观初期栽植，为山东第二古树王。雌雄同株银杏王。

　　3. 分布及生境　五峰山以五个山峰并列于青山白云之间的秀丽山峰而闻名，自西向东依次为迎仙峰、望仙峰、会仙峰、志仙峰、群仙峰五个仙峰常年环抱在绿树浓荫之中，官、观、亭、台相互掩映，风景绝佳。五峰山属泰山山脉，其岩石形成于地壳发展史上最古老的地质年代-太古代。五峰山属暖温带大陆性半湿润季风气候，四季明显，春季气温

千年银杏树

升高快，南北风较大，降雨量小，但蒸发量大，因之常干旱；夏季炎热多雨，秋季天高气爽，冬季寒冷、少雨雪。

古树树干

古树远景

　　（二）植物学特性

　　雌雄同株，树高35m，胸径2.0m，冠幅20m，是济南地区树中之冠。枝下高3m，树冠塔形，生长旺盛，枝叶繁多，树形优美。主干挺拔，粗壮，分枝8个，分布均匀，且成层分布，最底下分枝较为粗壮，其中西向一分枝较粗，直径约0.6m。树干基部有萌蘖，距主干最远处为1.2m。树皮灰褐色，不规则纵状开裂，枝干树皮有剥落。叶互生、扇形，在宽阔的顶缘多少具缺刻或2裂。银杏雌花，单生于短枝顶端，与叶成螺旋状排列，2～8朵。雄花下垂的柔荑花序状结构，每一短枝上着生3～8朵，每朵花有30～50枚雄蕊，每一枚雄蕊有一长1～2mm的柄，上有一对长形花药。3月中旬发芽，4月上旬至中旬开花，9月下旬至10月上旬种子成熟，11月上中旬，叶片变黄。枝叶正常生长，根深叶茂，结果量大，年产银杏500kg。

（三）保存现状

1992年11月，山东省委、省政府批准在长清区五峰山林场建立省级"五峰山森林公园"。五峰山古建筑群遗址为市级文物保护单位。洞真观是五峰山景区的最主要的组成部分，千年银杏树，在观中央位置，见证了千年道观的兴衰，因其悠长的历史古韵和浑厚的文化底蕴，被作为一独立的文化景点供世人瞻仰。

（四）文化价值

五峰山相传是玉皇大帝的五个女儿路经此处，见其风景秀丽，不愿离去，于是分别化作迎仙峰、望仙峰、会仙峰、志仙峰和群仙峰。五峰山因此而得名。自古便有："游泰山不游灵岩不成游也，游灵岩不游五峰山亦不成游也"。《五峰山志》记载，洞真观创建于金章宗泰和年间（1201—1208），为全真教道士丘志所建，王志深、李志清等增修扩建，始有道院，金宣宗贞祐年间（1213—1217）定名为"洞真观"。明万历年间，明神宗朱诩钧命黄冠周云清辟山重修，"创构宫宇，楼殿岿崇，金碧辉荧，号称极盛"。五峰山道教文化和宫观遗迹，代表了山东道教的发展历史，是山东道教历史文化的象征。而千年银杏树更增添了道教文化的厚重和神秘，成为人们祭祀祈福的"神仙树"。

银杏树指示标　　　　　　　　　　　　银杏树牌

十五、青岛平度博物馆银杏

（一）起源及分布

1.**地理位置**　位于山东省青岛市平度市区红旗路中段平度市博物馆院内，树龄1 800年。H=14m，E=120°11.9966′，N=36°32.4026′。

2.**起源**　相传为汉武帝东巡芝莱山时手植，双株连体，老幼相连，枝繁叶茂，极为罕见的"母子银杏树"。

3. **分布及生境**　平度博物馆是系地方综合性博物馆，位于平度市区。平度市位于胶东半岛西部，地形大体北高南低，呈伞形向东南、西南、西北倾斜；属暖温带东亚半湿润季风区大陆性气候。

汉唐母子银杏树

（二）植物学特性

"汉唐母子树"位于平度市博物馆院内，雌株，东汉银杏，距今约1 800年，为青岛市最古老的银杏之一，属国家一级保护古树。树高22m，胸径1.2m，树冠东西12m、南北13m。唐代后，分蘖出一子株，胸径已达0.67m，形同母子，相依而生，当地人称其为"汉唐母子树"。生长旺盛，树冠倒塔形，树形优美，枝叶茂盛。主干挺拔、粗壮，分枝8个，分布于主干5m处，分枝角大，呈发散状分布。20世纪80年代又从根部西侧长出3根小树，可谓"三代同堂"。枝叶正常，但结果不明显。树皮灰褐色，不规则纵状开裂，枝干树皮有大面积剥落。叶互生、扇形，在宽阔的顶缘多少具缺刻或2裂。银杏雌花，单生于短枝顶端，与叶成螺旋状排列，2～8朵。3月中下旬发芽，4月中上旬开花，9月下旬至10月上旬种子成熟，11月上中旬叶片变黄。

（三）保存现状

"汉唐母子树"银杏是青岛市现存树龄最长的银杏古树，属国家一级保护古树，现由平度市博物馆具体管护。

（四）文化价值

平度市博物馆由一组宏伟壮观的古建筑组成，临街的仿古飞檐门楼上，悬挂着著

古树介绍

基干

名艺术大师刘海粟题写的匾额，两旁石狮，肃穆威严，进大门，赫然入目者是一株饱经风霜的古老银杏树。博物馆院内长有一株三人合抱不交的汉唐母子银杏树。相传为汉武帝东巡芝莱山时手植，双株连体，老幼相连，枝繁叶茂，极为罕见的"母子银杏树"。该银杏树形优美、饱经风霜、苍劲古拙，枝干龙盘虎踞，气势磅礴，冠似华盖，引来无数市民围观。

树干

远貌

第五章
柿枣类古树

第一节　柿　　子

一、概　　述

（一）柿子的价值

　　柿子不仅营养丰富，含有大量的糖类及多种维生素，而且具有很高的药用价值和经济价值。柿果实被誉为"果中圣品"。在成熟新鲜果实中，每100g果肉中含有0.16mg维生素A、16mg维生素C、9mg钙、20mg磷以及0.2mg铁，其中胡萝卜素占据维生素A的大部分。柿子富含果胶，果胶是一种水溶性的膳食纤维，可以纠正便秘、调节肠道菌群组成，具有良好的润肠通便作用。更为独特的是，

古柿树

国内外的研究证实，柿果维生素C含量是苹果的10多倍，食用柿果比食用苹果对心脏更为有益。另外，柿果多酚类物质是优良的抗氧化剂，可有效防止动脉粥样硬化、预防心脑血管等疾病。鲜柿、干柿饼、柿霜、柿蒂、柿叶都是很好的药物。柿漆是良好的防腐剂，柿木可作雕刻用材、家具用材、装饰品及高尔夫球杆。入秋后，柿果、柿叶鲜艳悦目，具有良好的观赏作用。柿树适应性极强，能在自然条件较差的山区生长，是著名的"木本粮食"和"铁杆庄稼"，经济寿命长，具有良好的生态效应和经济效应。柿子虽美味，但吃时要注意，不要空腹吃柿子，因为柿子中含有大量的鞣酸和果胶，空腹状态下它们易在胃酸的作用下变成大小不等的硬块；同时不要与含有大量蛋

白质的水产品同食，因为蛋白质在鞣酸的作用下容易形成胃柿石；另外糖尿病患者也不宜多食用。

（二）起源及发展现状

柿（*Diospyros kaki*）属柿树科，是落叶乔木。它性喜温暖气候，适应性强，是我国各地广泛栽培的一种果树，也是我国原产的最著名的浆果，华北是其主要产区。我国既有原产各地的涩柿子，也有原产大别山区的甜柿子。除东北、西北高寒地区之外，全国其他地区都有栽培，以华南的广西和黄河流域的河北、河南、陕西、山东、山西栽培最多，福建、安徽和广东也有相当规模的栽培。柿的记载较早见于《礼记·内则》，书中提到菱、椇、枣、栗、榛、

镜面柿古树

柿。西汉时成都学者司马相如的《上林赋》中有枇杷、橪、柿的记载。与此同时，史游编的童稚识字书《急就篇》述及的蔬果有梨、柿、奈、桃。东汉时，可能已经出现果实较大的品种，同为四川学者的李尤，在其《七款》中提到"鸿柿若瓜"。《说文解字·木部》中对柿的释义为："赤实果，从木市声"。稍后的《食经》已经记述了用草木灰汁使柿子脱涩的方法。很显然，汉代柿子已经是为人熟知的一种水果。明确记载柿子栽培的文献是西汉四川人王褒的《僮约》，文中提到："植种桃李，梨柿柘桑。"之后，西晋左思的《蜀都赋》也记载当时成都附近，"其园则林檎、枇杷、橙、柿……"，进一步表明柿子是四川盆地普遍栽培的果树。

在我国北方，与湖北毗邻的河南南阳，是栽培柿子较早的地区。东汉王逸的《荔枝赋》提到："宛中朱柿"。这里的宛指今河南南阳。另外，张衡在《南都赋》里提到："若其园圃，……乃有樱、梅、山柿，侯桃、梨、栗，椿枣若留……"文中的"山柿"也应该是山上（园圃）栽培的柿子，上述记载说明至迟在东汉的时候，河南西南部已经栽培柿子，很可能是从毗邻的湖北或重庆引入河南那一地区栽培。另一方面，与柿子亲缘关系较近的君迁子很早就作为嫁接砧木参与了北方栽培柿的发展进程。君迁子主要分布在我国的北方和西南，以及中部地区。君迁子很早就为人们所认识。西汉司马相如的《上林赋》提到"椯枣杨梅"，《子虚赋》提到"楂梨椯栗"。《西京杂记》记载，汉武帝修上林苑时，各地敬献的名果异树就包括"椯枣"。根据《说文解字》解释："椯（音英），枣也，似柿。"这里的"似柿"的"椯"，或称"椯枣"，就是君迁

子。因其果形态椭圆，与枣类似，故被称为"枣"。

柿子晾晒

山东省涩柿栽培历史悠久，最早见于《孟子》《上林赋》和《礼记·内则》，在很长一段时间内柿主要用于庭院栽培。到17世纪中后期，柿已为山东省的主要果树树种之一，目前300多年的老柿树并不罕见。20世纪50年代进行山东省果树资源调查时，全省有柿品种107个，数量居全国第二位。20世纪80年代，牟云官等核实全省柿品种有60多个。目前，栽培面积较大的地方良种主要有小萼子、金瓶柿、车头柿、小二糙、磨盘柿、四烘柿、水柿等。临朐小萼子、青州吊饼、曹州耿饼等分别在国家工商行政总局注册了商标，获得国家原产地域保护，临朐也被国家林业局评为"中国柿子之乡"，成为全国食品安全示范县。

据《山东省农业统计年鉴》和《中国农业统计年鉴》表明，近20年，全国柿产量从1997年的107.54万t逐年上升到2015年的379.14万t，增长了2.5倍多；山东省柿产量维持在10.94万～16.29万t，但占全国柿产量的比例由2000年的8.23%下降到2015年的3.85%。近年来，受国际市场和劳动力价格上涨的影响，2013年柿饼产量下降到2 850t，出口1 500t左右，出口价格每吨20 000～21 500元。2014年山东省柿饼开始进入上海、广东等地，其销售价格每千克35～60元，远远高于国际市场，2016年生产柿饼4 200t，出口仅600t左右。

20世纪30年代，山东省由日本引种富有、次郎等甜柿于青岛栽培，因后来未引起足够重视，大部分被砍伐。近年来，随着对甜柿认识的提高和国际交流的增多，烟台、青岛、日照、潍坊、泰安、济宁等地开始引种甜柿。山东省甜柿栽培面积约1 500hm^2，主要分布在龙口、招远、海阳、沂水、日照等地区，年产量约2.25万t。品种以次郎、阳丰为主，近几年开始发展太秋。甜柿成熟时自然脱涩，可以直接脆食，不需人工脱涩，又耐贮运。山东省的气候条件较适于甜柿的生长，具有广阔的市场空间。

（三）柿的植物学特性

柿树科柿树属。落叶乔木，高达15m；树冠呈自然半圆形；树皮暗灰色，呈长方形小块状裂纹。叶片椭圆

枝干

形、阔椭圆形或倒卵形，长6～8cm，革质，先端渐尖，基部阔楔形或近圆形，表面深绿色，有光泽，背面淡绿色。雌雄异株或同株，雄花3朵排成小聚伞花序，雌花单生叶腋；花4基数，花冠钟状，黄白色。浆果大型，卵圆形或扁球形，直径2.5～8cm，橙黄色、鲜黄色或红色，有宿存而膨大的花萼。花期5～6月，果期9～10月。

柿树叶片

（四）山东柿文化

柿果多呈红色和圆形，民间有"永结同心"的象征，一些柿果之乡逢男婚女嫁常以柿子相赠，或以柿饼泡茶待客，以祝愿生活幸福甜蜜，新婚夫妇心心相印。金秋时节，黄柿垂枝，悬金挂彩。红叶如霞，游人簇动，构成一幅靓丽的赏柿图，令人神往。两千多年的栽培历史，使柿富有很深的文化底蕴，挖掘柿文化和旅游功能有利于柿产业发展。

霜降吃柿子的传说：

大明王朝的开国皇帝朱元璋，小的时候家中十分贫困，经常吃了上顿没下顿，没有办法，只好拿起讨饭碗、扯起打狗棍四处讨饭。有一年霜降节，已经两天没饭吃的朱元璋饿得两眼发黑，四肢无力。当他跌跌撞撞走到一个小村庄时，顿时眼前一亮，发现村边的一处烂瓦堆里长着一棵柿子树，上面结满了红彤彤的柿子。朱元璋一见，兴奋极了，心里想着老天爷饿不死瞎家雀儿。于是，使出浑身力气爬到树上，吃了一顿柿子大餐，这才得以从阎王爷那里捡回了一条小命。而且一整个冬天没有流鼻涕，也没有裂嘴唇。

后来，朱元璋当了皇帝，有一年霜降节领兵再次路过那个小村庄，发现那棵柿子树还在，上面依然挂满了红彤彤的柿子。面对此情此景，朱元璋思绪万千，正是这棵柿子树才使自己免于成为饿殍。他仰望着这棵平平常常的柿子树，缓缓脱下自己的红色战袍，又亲自爬了上去，郑重其事地把战袍披在柿子树上，并封它为"凌霜侯"，这才依依不舍地离去。这个故事在民间流传开来后，就逐渐形成了霜降吃柿子的习俗。

二、济南长清灵岩寺柿子

（一）起源及分布

1. **地理位置**　该树生长于长清灵岩。H=321m，E=116°76.7223′，N=36°55.2357′。

2. **起源**　现存灵岩寺是唐贞观年间（627—649）慧崇高僧建造的。古柿树栽培年代不详。

3.分布及生境　灵岩寺位于泰山西北麓灵岩山脚下。灵岩山是泰山十二支脉之一。灵岩山原名方山，因山顶平坦，四壁如削而得名。山之阳，是满月葱茏的灵岩峪，曲折起伏的山峦向东西两侧延伸，灵岩寺就坐落在这翠谷之中。灵岩寺，四季分明，气候宜人，动植物丰富。灵岩主景区共有林地面积万亩，分为针叶林、竹林、经济林三大类。

古柿树群

（二）植物学特性

落叶大乔木，百年大树高15.6m，冠幅10.7m，干高2m，茎粗0.3m，树冠自然开心形。幼龄树枝干较直立，枝条稀疏，生长健壮。叶片长6cm，叶宽7cm，叶柄长3.4cm。雌雄同株异花，黄白色，每个花序开出1朵花。果实长椭圆形，果顶凸尖。果大，单果重150g。果形独特，果皮青绿色，充分成熟时呈橙黄色，果肉黄色，可溶性固形物13%～17%。质地脆嫩细腻，味甜，品质佳，核3～5片，可食率达95.3%以上。

（三）保存现状

现由长清区灵岩寺景区具体管护，保护现状良好。

（四）文化价值

在千佛殿前方，有一棵树干粗大弯曲，枝头东指的侧柏，其部分枝干苍枯，但生长枝干茂盛，其形很像一株巨大的"灵芝"，为千年名木——摩顶松。据寺志载，摩顶松的名称来源于一个佛教故事。唐代初年，三藏法师玄奘，在去印度取经之前，来的灵岩寺。一天，他在寺院里闲游，忽然发现在千佛殿正前方，长着一棵小柏树，那天一点风都没有，但小柏树却不停地向玄奘法师摆头致意。法师纳闷，急忙向小柏树走来。"三藏"围着小树转了一圈，小树朝三藏法师点头一周。三藏感觉小树有灵气，就摸着小树，说："我马

古柿树1

上就要去西天印度学佛取经了，你很知道我的心思和动向，那么当我西去的时候，你可用枝头西指；当我取经学成归国之时，枝头可向东指。"三藏西去后，枝头果然西向。数年后，枝头忽然东指，庙里的师傅看到后，知道三藏法师应该回来了，马上清理寺庙，张灯结彩，迎候法师。果然不出所料，满腹经纶的三藏大师，载着大量的佛经，回到了阔别许久的长安。为此，灵岩寺的僧众为纪念玄奘法师，就将该柏树取"摸"的谐音"摩"（意为高大），"柏"讳"悲"而称"松"，称其为"摩顶松"。

古柿树2

后来，在柏树东西两旁，又滋生出大、小不同的两种柿子树，后人又取"柏"的谐音"百"，"柿"的谐音"事"，冠以"百事如意"之称，以乞求"大（柿）事小（柿）事百事如意"。迄今，广大游客多在此留影纪念，以示吉祥。

三、临沂平邑柿子

（一）起源及分布

1. **地理位置**　该树生长于平邑柿种植区。H=186m，E=117°45.0604′，N=35°20.8035′。

2. **起源**　不详。据当地村民记载至少150年。

3. **分布及生境**　平邑县地处北温带的偏东南部，大陆度62.8%，属季风区域大陆性气候，具有冬季寒冷、夏季炎热、光照充足、无霜期长的特点。平邑县地质构造复杂，地貌类型多样，具有明显的山区特征。山区面积占85%，平原占15%。全境地势南北高，中间低，略向东南倾斜。

柿树叶片

（二）植物学特性

柿树为多年生落叶乔木，有中心干，植株高大，高4～9m，最高可达10m。其主干呈暗褐色，树皮鳞片状开裂，幼枝有茸毛。叶质肥厚，椭圆状卵形或长圆形，全缘。长6～18cm，宽3～9cm，叶面光滑，呈深绿色，叶背面淡绿色，稀疏着生褐色柔软茸毛。叶柄长1～1.5cm，也具有茸毛。柿的花呈钟状，颜色为黄白色，雌雄异株或同株异花。雄花每3朵集生或成短聚伞状花序；雌花单生于叶腋。花萼深裂，裂片呈三角形，无毛。柿树花在6月开放，果熟期为9～10月。

（三）保存现状

在当地种植区较好保护起来，管护单位：铜石镇林业站。古树编号：0197。

柿树枝干

古柿树1

古柿树2

四、青岛平度正涧村柿子

（一）起源及分布

1. **地理位置**　该树生长于平度城关镇正涧村，树龄167年。H=148m，E=119°57.5606′，N=36°53.3366′。

2. **起源**　不详。据村民介绍大约为清代末年栽植。

3. **分布及生境**　地形大体北高南低，呈伞形向东南、西南、西北倾斜；属暖温带东亚半湿润季风区大陆性气候。平度市境内分布有棕壤、褐土、潮土、盐土和砂姜黑土五大土类，以棕壤和砂姜黑土两大土类面积最大，分布最广。平度市属暖温带东亚半湿润季风区大陆性气候，境内气候四季分明，春季干旱多风、夏季高温多雨、秋季秋高气爽、冬季寒冷干燥。年平均气温11.9℃，无霜期195.5d，日照时数约2 700h，年平均降水量680mm。

（二）植物学特性

落叶乔木，高8m左右，树冠开张，半圆形或近圆形，树皮暗灰色，方块状开裂。叶互生，大长椭圆形，先端尖，基部宽形，叶正面墨绿色，具光泽，反面淡绿色，侧脉不对称，沿脉有茸毛。花一般只有雌花，没有或极少有雄花或两性花，雌花单生于新生枝条的叶腋中。花冠钟状，黄白色，萼片大，宿存。雌花可不经授粉受精而自行单性结实，成为无核果实，果实中大，平均果重100g左右，呈四棱圆球形，果面有四条纵沟痕，果顶部稍凹入，中间具浅痕。成熟时果皮呈浓橙红色，平滑有光泽，颇美观，果粉多，果肉橙红色，柔软，肉质致密，味甜汁多、无核，一般10月中下旬成熟，本品种适于鲜食、制饼等。

古柿树1　　　　　　　　　　　　　　古柿树2

（三）保存现状

在当地种植区较好保护起来，管护单位：东阁街道正涧村委员会。古树编号80110，保护等级：三级。

（四）文化价值

省林业厅公布的首批"山东省森林村居"之一。正涧村因中午太阳照满全村金光四射，取名正涧。村内道路绿化率达95%，宜林荒山绿化率100%，农户庭院周围栽植适宜的植物，美化村内环境。村民有种植樱桃、杏、柿子的传统，村中百年以上的柿子树、杏树随处可见。村庄三面环山，山林面积113.3hm²，森林覆盖率达92%，生态环境优美。

古柿树群1　　　　　　　　　　　　　　　古柿树群2

五、潍坊青州柿子沟

（一）起源及分布

1.**地理位置**　古树生长于青州王坟一带柿子沟景区。H=356m，E=118°23.8486′，N=36°30.6521′。

2.**起源**　青州柿子沟景区，位于山东省青州市西南山区王坟镇白洋村。距离青州市区约35km。景区总面积666.7hm²，自然生态保存完好，90%以上的山地被茂密树木覆盖。山村中大小柿树近万株，年产柿子一百万斤左右，青州柿子质量上乘，早在明清时期就是青州府进贡之良品。近代以来，青州柿饼尤以柿子沟柿饼为主，畅销韩日等国，是地区创汇的支柱之一。

古柿晾晒

3.**分布及生境**　青州市地处鲁中山区沂山山脉北麓和鲁北平原洽接地带，地势西南高东北低，西南部为石灰岩山区，是鲁中南台隆的一部分。地貌类型主要有低山丘陵、河谷阶地、山前平原三种类型，由南到北依次排列。自然生态保存完好，90%以上的山地被茂密树木覆盖。青州市处于暖温带半湿润季风气候区，气候温和，四季分明，冬季寒冷干燥，夏季炎热多雨，春秋温暖适中。青州境内河网密布。多年平均降雨量为664mm，其中西南山区为697.6mm，北部平原为638.9mm，干旱指数为2.24。

（二）植物学特性

落叶乔木，高15m，树冠多为圆头形或自然半圆形，树皮暗灰色。老皮呈方块状深裂，不易剥落。叶近革质，椭圆形、宽椭圆形或倒卵形，长6～18cm，先端渐尖，基部宽楔形或近圆形，叶面深绿色而有光泽，叶背淡绿色。雌雄异株或杂性同株；花冠钟状，黄白色，4裂；雄花3朵组成小聚伞花序，雌花单生叶腋；花萼4深裂，花后增大；雌花有退化雄蕊8，子房上位，8室；浆果卵圆形或扁球形，径3.5～8cm，橙黄色或鲜黄色；果肉富含汁液和单宁，味涩；栽培品种多无种子或少种子；萼宿存。花期5～6月，果期9～10月。

古柿树1　　　　　　　　　　古柿树2

（三）保存现状

多数已分产到户，由当地村民具体管护。

（四）文化价值

青州柿子沟景区位于王坟镇境内，是一个保存完好的原生态景区，是鲁中南山区有名的柿乡，自然生态保存完好。

青州，在古代是《禹贡》"九州"之一，大体指泰山以东至渤海的一片区域。青州在远古时为东夷之地，传说大禹治水后，按照山川河流的走向，把全国划分为青、徐、扬、荆、豫、冀、兖、雍、梁九州，青州是其中之一。中国最古老的地理著作《尚书禹贡》中称"海岱惟青州"。海即渤海，岱即泰山。据《周礼》记载"正东曰青州"，

古柿树3

并注释说:"盖以土居少阳,其色为青,故曰青州。"

青州西南部山区,方圆近百公里,高低起伏的数百座山,几乎所有的山沟中都种满了柿子树,这是中国北方有名的柿乡。每到深秋时节,金黄的柿子挂满枝头,漫山遍野成片的柿子林,构成了山村一幅极其精美的画卷。

柿果

青州的柿子沟曾登上《中国国家地理》。柿子沟更具有原生野性的特点,整个风景区融山水于一体,集风情民俗于一身,是一个别具特色的农业观光旅游区。柿子沟沟内溪水蜿蜒,鹅卵洄澜,木桥飞渡。沟谷两岸的梯田一层一层的满过山坡,云烟缥缈处,拔地而起的峰峦,连绵不绝,直到天际。

六、日照五莲崖西川柿子

(一)起源及分布

1.**地理位置** 该树生长于日照五莲户部乡崖西川。H=90m,E=119°22.0386′,N=35°42.8018′。

2.**起源** 一棵近200年的柿子树,树干粗壮,离地1m处分成4个主枝干,远远望去像是一个大元宝。对于柿子树的具体年龄,因为年代久远早已无从考究,至少有150年至200年。每年产量依然很大。

3.**分布及生境** 五莲县地处黄海之滨的鲁东南低山丘陵区,海拔高度在18~706m,地貌以山地丘陵为主。五莲县属温带季风气候,一年四季周期性变化明显,冬无严寒,夏无酷暑,雨量充沛,季节性降水明显,日照充足,热能丰富。

(二)植物学特性

树高约10m,南北、东西冠幅约13m。果形球形,嫩时绿色,后变黄色,橙黄色,果肉较脆硬,老熟时果

古柿树1

肉变成柔软多汁，呈橙红色或大红色等，有种子数颗；种子褐色，椭圆状，长约2cm，宽约1cm，侧扁，在栽培品种中通常无种子或有少数种子；果柄粗壮，长6～12mm。果期9～10月。柿树是深根性树种，又是阳性树种，喜温暖气候，充足阳光和深厚、肥沃、湿润、排水良好的土壤，适生于中性土壤，较能耐寒，但较能耐瘠薄，抗旱性强，不耐盐碱土。

古柿树2

（三）保存现状

多数已分产到户，由当地村民具体管护。

（四）文化价值

五莲县地处黄海之滨的鲁东南低山丘陵区，境内山岭起伏，河川纵横，北部、西部有小块平原，山地、丘陵、平原分别占总面积的50%、36%和14%。其中海拔500米以上的24座，最高峰马耳山海拔706m，五莲县境内多山地丘陵，占总五莲县面积的86%，共有大小山头3 300多个，著名山峰主要有五莲山、九仙山、大青山、七连山、黑虎山等。

户部乡位于国家4A级旅游风景区五莲山脚下，这里空气清新、环境优美，随处可见青山绿水、芳草佳卉；触目可及奇峰异石、古树幽林，全乡森林覆盖率达47%。五莲县先后荣获"中国最美生态旅游示范市""国家AAAA级旅游景区""国家森林公园""山东省旅游强县""国家园林县"等称号。

著名医学家陶弘景在《名医别录》里面提到："柿果性味甘涩，微寒，无毒。有清热润肺化痰止咳之功效，主治咳嗽、热渴、吐血和口疮"。明代医学家李时珍在《本草纲目》中说到，"柿乃脾肺血分之果也，其味甘而气甲，性涩而能收，故有健脾、涩肠、治嗽、止血之功。柿树寿命长，可达300年以上，叶大荫浓，秋末冬初，霜叶染成红色，冬月，落叶后，柿实殷红不落，一树满挂累累红果，增添优美景色，是优良的风景树。

柿树枝干

七、潍坊临朐石门坊柿子

（一）起源及分布

1. 地理位置 该树生长于潍坊临朐纸坊镇大谭马村石门坊古。H=248m，E=118°25.1930′，N=36°18.9393′。

2. 起源 临朐县被国家林业局命名为"中国柿子之乡"。全县拥有柿树25万株，其中树龄达百年以上者近10万株，最古老的柿树树龄达600多年，历史上曾有"天井、石峪霜柿饼"的美誉。

3. 分布及生境 石门坊风景区以山奇、水秀、洞险而著称。石门坊的山陡峭险峻，壁立千仞。有太平崮、马头崮挺拔秀丽，群峰环翠。石门坊的水清澈甘甜，山中有小天池、另天池、奇鼓泉等几处泉眼，泉水趵突，奇观天成。石门坊山中有十五天然的洞穴，洞势各异，惊险诱人，石门坊自古就有"洞天福地"之美称。

古柿树

（二）植物学特性

落叶大乔木。通常高达10～14m以上，胸径达0.65m，树皮深灰色至灰黑色，或者黄灰褐色至褐色，树冠球形或长圆球形。枝开展，带绿色至褐色，无毛，散生纵裂的长圆形或狭长圆形皮孔，嫩枝初时有棱，有棕色柔毛或茸毛或无毛。叶纸质，卵状椭圆形至倒卵形或近圆形；叶柄长8～20mm。花雌雄异株，花序腋生，为聚伞花序，花梗长约3mm。果形有球形、扁球形等，种子褐色，椭圆状，侧扁；果柄粗壮，长6～12mm。花期5～6月，果期9～10月。

（三）保存现状

多数已分产到户，由当地村民具体管护。

柿果

（四）文化价值

石门坊，又名石门山、石门房，位于临朐城西20多华里，山势曲结南向，两峰对峙如门，故名。奇观天成的石门"晚照"，居临朐八大景之首，早在殷商时期即被人们所仰慕，距今已有3 000年的历史。殷商临朐之城为逢国，石门山为逢国辖地。逢国国君（伯爵）逢陵为朝廷忠臣，人们为追念其功德，便在风景秀丽的石门山立庙祀之。

柿树叶片

到了唐代，增建庙宇，刻佛像，已成为名胜之地，黄冠缁流，骚人墨客，云集于此，遁迹觞咏。宋、元、明时建成佛塔、神龛。清代、民国时期，续增摩崖刻石，新建文昌殿，构成了古代建筑群。石门坊位于临朐县大谭马村西边的深山峡谷中。

全县拥有柿树25万株，年产鲜柿700万kg，除鲜食、制糖、酿酒、作醋外，主要加工柿饼，年加工1.4万t左右，大部分出口。

传说，石门房是天上财禄大神储藏珠宝的地方，为嘉奖人间善事，凡生有十个男孩，不生邪事，品行端正者，便能开放石门取宝。山下有一个叫崇财的人，夫妻勤劳耕织，省吃俭用，家业日趋兴盛，连生九子一女，可算是人财两旺了。但他们并未恬淡节欲，而是萌生邪念，教唆子女拦路打劫，四处行盗。一天夫妻二人想去石门房取宝贝，便将女儿扮成男孩、连同其余九子共十子，焚香祷告后竟入得石门，满屋珠宝尽情索取。崇财见女儿索取宝贝速度太慢，便催促道"女儿快点"，石门听闻有女儿混入石房立刻关闭，所有人窒息而死。这件事惹怒了财禄大神，从此石门永闭不开，以防止世上贪婪之人，欺天妄地。石门坊风景区位于临朐县城西十公里处的纸坊镇，它因路口处双峰耸立，对峙如门而得名，石门坊风景区是山东省重点风景名胜区。

八、潍坊十笏园柿子

（一）起源及分布

1. **地理位置**　该树生长于潍坊十笏园，树龄约110年。H=31m，E=119°9.9340′，N=36°71.4332′。

2. **分布及生境**　潍城区地势南高北低，呈较平缓倾斜状。境域西南部为丘陵，占全区总面积的27.1%，系泰沂山脉尾闾，西南东北走向，分布在大于河两岸，有浮烟山等10余座。境内其他区域为洪积冲积平原，地势较缓平，属流水地貌。潍城区属暖温带季风型半湿润大陆性气候。

（二）植物学特性

落叶或常绿乔木或灌木。树高达15m，胸径达
0.3m；树皮深灰色至灰黑色，或者黄灰褐色至褐
色；树冠球形或长圆球形。无顶芽。叶互生。花
单性，雌雄异株或杂株，种子较大，通常两侧压
扁。果实扁圆形，果个中等，约100g，10月上旬
成熟。

（三）保存现状

在十笏园中较好保护起来，管护单位：十笏
园。古树编号JGS001，保护等级：二级。

（四）文化价值

十笏园，位于山东潍坊市胡家牌坊街中
段，是中国北方地区的古典园林袖珍式建
筑，有"鲁东明珠"的美誉。十笏园，始建
于明代，园中的砚香楼原是明嘉靖年间刑
部郎中胡邦佐的故宅。后于清光绪十一年
（1885）被潍坊首富丁善宝以重金购得，在
砚香楼的基础上建了整座园林。十笏园被
称作"丁家花园"。整座建筑坐北向南，青
砖灰瓦，主体是砖木结构，总建筑面积约

古柿树

柿树牌

2 000m²。因占地较小，喻若十个板笏之大而得其名。1988年，十笏园被国务院公布为
全国重点文物保护单位。当年康有为在园中居住三个晚上后写了《十笏园留题》："峻

柿果1

柿果2

岭寒松荫薜萝，芳池水石立红荷。我来山下凡三宿，毕至群贤主客多。"园中不仅松萝荫深，而且池清亭秀。高朋满座，文士竞骚，给这个私家园林更增添了文人气氛。散发出传统文化的精神、气质、神韵。

九、烟台海阳薛家村柿子

（一）起源及分布

1. 地理位置　该树生长于烟台海阳薛家村柿子。H=175m，E=121°11.0010′，N=36°53.6153′。

2. 起源　不详。据村民介绍大约100年。

3. 分布及生境　盘石店镇薛家村地处海阳北部山区的招虎山北麓，距离海阳市区30km。周边有招虎山国家森林公园、云顶竹林、丛麻院禅寺、天籁谷等景区。该村三面环山，山清水秀，村主导产业是苹果、大樱桃、柿子和草莓。

古柿树1

（二）植物学特性

落叶乔木，植株高大，幼树长势强旺，干性强，树姿直立，结果后逐渐开张，树冠圆头形；果实中等偏大，扁圆形，横断面略方；果皮光滑，格外艳丽；果肉金黄色，质松脆，汁多味甜，无核，抗旱、耐涝、丰产稳产，对病虫害的抵抗力较差。

（三）保存现状

已分产到户，由村民具体管护。

（四）文化价值

海阳县位居胶东半岛南陲，因处黄海之北，故名海阳。境内"壮于山而雄于海"，形势险要。

古柿树2

两汉、后赵、东魏、金、元各代，均重此地利，据为"镇疆屏藩"。明设大嵩卫后，政治、军事地位益显重要。清雍正十三年(1735年)裁卫设县。县内海拔400m以上的山峰9座，玉皇山最高海拔589m，地形北高南低，皆属崂山山脉分支，有二山、四丘、三平原之分；较大河流7条，均系季节性河；海岸曲线长128km，15米等深线内浅海面积9.19万 hm^2 ；沿海港湾、近海岛屿各9个，较大岩礁17处。

树叶

　　薛家村生态环境良好，负氧离子含量高，自然资源独特。全村有古柿子树1万余棵，最老树龄可追溯千年。树龄都在300～500年左右，2012年薛家村古柿子树被山东省旅游局列为金秋古果树采摘游重点线路。薛家村山林植被茂盛，溪水四季长流，梯田错落有

柿树位置

致，身临其中仿佛来到了一个世外桃源。恬静、安逸、负氧离子含量高，民俗文化荟萃，是一块休闲养生、放松身心、体验农事、欣赏民俗文化的风水宝地。2013年，薛家村被省旅游局评为省级旅游特色村、省级精品采摘园、薛家村还是远近闻名的秧歌村，被省文化厅评为省十大非物质文化遗产保护特色村。

十、菏泽牡丹区镜面柿

（一）起源及分布

　　1. **地理位置**　古树位于菏泽牡丹区丹阳街道耿庄社区附近。H=44m，E=115°28.1126′，N=35°13.0733′。

　　2. **起源**　柿树是菏泽分布较为广泛的一种树种，种植历史悠久。明清时代有广泛种植。耿庄是镜面柿的主要产地，但由于近年城市改造，耿庄村变成耿庄社区，古柿树被移走，现在市区路旁或小区内零星种植部分古柿树。华侨城内有部分古柿树，树龄约有400年。

　　3. **分布及生境**　牡丹区位于山东省西南

古柿树牌

部，北邻鄄城县、东接郓城县、巨野县，南与定陶县、曹县接壤，西与东明县相连，西北一隅濒临黄河，与河南省濮阳市隔河相望。属暖温带季风型气候，四季分明，雨热同季。土壤类型分潮土和白潮盐土两个类型，表层质地以轻壤质为主，沙壤质次之。

树牌

（二）生物学特性

柿树为多年生落叶乔木，植株高大，高8~12m。其主干呈暗褐色，树皮鳞片状开裂，幼枝有茸毛。叶质肥厚，椭圆状卵形或长圆形，全缘，长6~8cm，宽3~5cm，叶面光滑，呈深绿色，叶背面淡绿色，稀疏着生褐色柔软茸毛。柿子的花呈钟状，颜色为黄白色，雌雄异株或同株异花。果实中等大，单果重150g左右，果形扁圆，大小均匀。果皮薄而光滑，橙红色，果肉金黄色，肉质松脆，味香甜，汁多，无核。柿树花在6月开放，果熟期为9月中下旬至10月上旬。

柿树叶片

（三）保存现状

被当地社区或小区物业公司具体管护，菏泽开发区园林管理处监督。

古柿树1

古柿树2

（四）文化价值

因菏泽古称曹州，曹州耿庄所产柿饼风味最好而得名，曹州耿饼相传已有上千年的生产历史，早在明代就驰名全国，被列为进献朝廷的贡品，曹州耿饼橙黄透明，肉质细软，霜厚无核，入口成浆，味醇甘甜，营养丰富，且耐存放，久不变质，历来为柿饼中上品，深受人民群众的赞赏，耿饼还有较高的药用价值，有清热、润肺、化痰、健脾、涩肠、治痢、止血、降血压等功能，柿霜可治疗喉痛、口疮等病症。

柿树树干　　　　　　　　　　　　　　　　　柿树枝叶

十一、泰山大津口藕池村柿子

（一）起源及分布

1.地理位置　位于泰山东麓大津口乡，地处济南、泰安两市交界地带。H=388m，E=117°06.5419′，N=36°18.4744′。

2.起源　多数在清代栽植，距今已有一二百年。

3.分布及生境　大津口乡区域群山连绵，高低错落，地形地貌复杂奇特。地势呈西北高、东南低走向。沟壑纵横，丰水期沟河水满，枯水期潺潺流水。自然生态环境优越，植被覆盖率85%，森林覆盖率达65%，有着"天然氧吧"之称。藕池村周围四面环山，苍松翠柏围绕，独居山巅，往西看与泰山极顶遥遥相望，清晰可见，驱车可达山头，停车十分便利。

（二）生物学特性

落叶乔木，树高15m，冠幅8m，干高4m，胸径0.4m，树冠自然开心形。叶片长

6cm，叶宽6.5cm。雌雄同株异花，黄白色。果实椭圆形，果顶凸尖。果大，单果重150g。果皮青绿色，充分成熟时呈橙黄色，果肉黄色，可溶性固形物13%～17%。质地脆嫩细腻，味甜，品质佳，核3～5片，可食率达95.3%以上。

（三）保存现状

现在已经分产到户，多数正常开花结果，保护良好。

柿树古树	柿树树皮
柿树枝干	柿树枝叶

第二节　枣

一、概　述

（一）枣的价值

枣是中国原产的重要果树，有3 000多年的栽培历史。枣果味美、营养丰富，有很高的食用、保健、药用价值，适于鲜食、制干和深加工，是我国人民喜爱的果品。

现代营养学研究证明，红枣含有蛋白质、糖类、有机酸、脂肪、人体所必需的18种氨基酸以及铁、锌、磷、钙、硒等。同时还含有丰富的维生素。红枣的营养成分既丰富又全面，是"活维生素丸"，具有很高的营养保健价值。维生素 C、维生素 P 参与体内氧化还原过程，促进血液循环，可加速胆固醇的转化，降低血液中胆固醇和甘油三酯的含量，并可增强机体解毒功能。另外，铁、锌、钙、硒等均直接参与人体的代谢循环，可清除体内自由基，延缓人体衰老。现代药理研究还证明：红枣中含有大量的环磷酸腺苷物质，它能扩张血管，增强心肌收缩力，改善心肌营养，对防治心血管病有一定的作用。由此可见，红枣对人体保健、防治冠心病、高血压、动脉硬化、贫血等具有很好的食疗作用，并可使人精力旺盛、轻身长寿。

枣果营养、药用价值十分突出，是我国历来推崇的滋补食品。北方民间有"日食三个枣，人生不易老""五谷加红枣，胜过灵芝草"的谚语，高度颂扬枣的食补功效，南方民间对枣更为青睐，走亲访友，常以红枣、乌枣、南枣、蜜枣等枣的加工品为礼物互相赠送，新年春节更有用红枣、乌枣或南枣精煮成的枣茶款待亲朋好友的习俗，以及产妇以枣补身的传统。从这些古风民俗也可看出枣的营养价值和滋补功效在我国人民心目中的地位。

枣树枝叶稀疏、透光性好，根系密度较低，生长期短，使其适于与粮棉油菜等多数作物常年间作。我国很多重要枣区，自古以来运用这种间作方式，建造了很多面积达到数千 hm²，甚至数万 hm² 的大面积枣林，收到很好的生态效应和经济效益。上世纪90年代以前，全国枣农间作面积约占枣树总面积的70%左右，枣农间作，在立体农业经营模式中占有很高的地位。在间作方式下，枣林防风固沙；降温增湿，降低田间蒸发量，改进农田小气候；提高土地、空间、日光等资源的利用率等方面具有突出的生态效应和经济效益。改革开放前，山东枣产区大都采用枣粮间作的方式大片种枣，枣的经济收益常占枣区农业总收入的40%～70%，枣树成为当地家家户户受益的高效产业。

古枣树群　　　　　　　　　　　　　　　　枣果

（二）起源及发展现状

枣起源于野生酸枣，是我国古代的先人选择果形大，食用性状较好的野生酸枣树在人为的栽培条件下，通过长期不断的选种逐渐演化而来的栽培种。野生酸枣的种性十分复杂，即使在同一个小地域，不同的株系在树性、果形、果实品味、开花结果性状等方面都有很大差异，属于性状多种多样的杂合群体。野生酸枣在我国分布十分广泛。古代有华北遍地荆棘之说，其分布的边缘更广延

枣叶

到东北的辽西地区，西北的祁连山，藏南的林芝地区和长江下游的安徽、江苏、浙江等省。酸枣分布地域之广阔，也使枣的起源地域较广。枣树对气候、土壤适性很强，我国除黑龙江、吉林两省、新疆、内蒙古北部和青藏高原等高寒地域外，其他省市都能栽培，并已拥有规模不等的栽培面积。根据文献的记载和近代多方考察研究，枣的起源中心位于黄河中下游广阔的地域，包括晋陕黄河峡谷地区和河南、河北、山东等地。但也不能排除长江中下游地区，如浙江余姚河姆渡遗址第四文化层和浙江桐乡罗家角遗址出土的前5000年的文物中都有枣。由于受交通条件的限制，我国古代各个地区的枣树品种资源，很少交流，因而各个地区都以当地原有的种质资源为基础，发展形成各有特色的主栽品种群体。

枣原产于我国，栽培历史悠久，早在前10世纪的《诗经·豳风》中就有"八月剥枣，十月获稻"的记载，推测栽培历史至少3 000年，最早的栽培中心为晋陕黄河峡谷地区，之后逐渐发展到河南、河北、山东等黄河下游一带。宋代的《本草衍义》（1116）记载，枣"南北皆有之。然南枣坚燥，不如北枣肥美，生于青晋绛者尤佳"。此处所指的"青"，即山东省北部德州、齐河以东的地区，包括现在的乐陵、庆云、无棣等金丝小枣著名产区。

近年来，随着枣产业的快速发展，枣产区格局发生了巨大变化，由原来的河北省、山东省、陕西省、山西省和河南省构成的传统主产区一方独霸的格局，逐渐演变为传统主产区、新疆红枣产区和南方鲜食枣产区三足鼎立的格局。目前，枣树发展面积呈现新疆迅速扩增、南方（尤其是湖南省、湖北省、云南省等）逐步递增、内陆主产区微观下滑的趋势。目前，传统主产区和新疆红枣产区的枣产量占全国总产量的90%左右。

山东省是中国最早利用枣资源的省份之一，早在2 500年前，齐鲁大地已广泛栽培枣树，在漫长的发展过程中，形成了一大批优良地方品种，在鲁西北盐碱地和鲁南瘠薄山区林业建设中具有不可替代的作用，产生了很好的生态效益、经济效益和社会效益。

山东年产干枣在30万t左右，全国排名第四。2016年山东省枣种植面积11万hm²，其中制干枣面积6.27万hm²，主要集中在鲁北平原的无棣、乐陵金丝小枣产区；鲁西平原的茌平圆铃枣产区；鲁南山地丘陵区的宁阳、枣庄、邹城圆铃、长红枣产区，面积减少，效益下滑；鲜食枣约4.67万hm²，鲜枣产量49万t，主要集中在鲁北平原滨州沾化和黄河入海口的东营河口冬枣产区。

枣果

滨州市作为全省枣产业发展的排头兵，发展枣产业除了明显的区位优势、显著的气候条件及相关技术优势外，更重要的是政府对此十分重视，在资金和政策上加大向冬枣产业倾斜，利用财政补贴和专项资金等为农民排忧解难，再加上市场需求容量大，发展十分迅速。德州市作为山东省枣主产区，发展平稳。乐陵市作为金丝小枣的主产区，支撑着德州市的整个枣产业。乐陵市委、市政府出台大量有利于小枣生产的优惠政策，以增加人民收入为目标，继续壮大特色产业，加强规模化的生产基地，大力发展农民专业合作组织，促进农业产业化、专业化、集约化、商品化。并且加大了对龙头企业的扶持力度，鼓励龙头企业发展科研技术创新，开发红枣的精深加工，增加红枣的附加值。其他地市也在加紧宣传，积极采取措施，快速发展起当地枣产业，如聊城市茌平县、枣庄市山亭区、泰安市宁阳县等。

山东枣产区及主要栽培品种有以下几个：

（1）鲁北制干枣产区。

①主导品种：主要是普通金丝小枣，另外有金丝2号、金丝4号、无核小枣等。

②栽培区域：主要栽培区域为德州市乐陵市、庆云县、惠民县，滨州市无棣县，栽培历史2 500年以上，2013年全省金丝小枣栽培面积约为8万hm²，占全省枣树栽培面积的48%，其中德州栽培区约4.53万hm²，占全省金丝小枣栽培总面积的56%；滨州栽培区约2.93万hm²，占全省金丝小枣栽培总面积的37%。2015年金丝小枣栽培面积下降至约4.67万hm²，占全省枣树栽培面积的40%，德州栽培区和滨州栽培区面积均有所下降。

（2）鲁西制干枣产区。

①主导品种：普通圆铃，圆铃1号，圆铃2号，另有少量茌圆金、茌圆银品种。

②栽培区域：圆铃枣是山东古老品种，原产山东东阿一带，现主要分布于聊城市茌平县，是山东省重要的制干品种。目前栽植面积约0.57万hm²，占全省枣栽培面积的5%左右。

（3）鲁南制干枣产区。

①主导品种：有大马牙、小马牙、葫芦长红、圆铃枣等。

②栽培区域：因长红枣耐瘠薄、丰产性强，多分布于鲁中南丘陵山区，栽植于梯田地堰，折合栽培面积约1.13万 hm^2。主要栽培区为山东省枣庄市山亭区0.44万 hm^2、济宁邹城市0.27万 hm^2 和泰安宁阳县0.41万 hm^2。圆铃枣主要栽培区为宁阳县约0.2万 hm^2 和邹城市0.15万 hm^2。

（4）山东鲜食枣产区。

①主导品种：除鲁北冬枣以外，另有沾冬2号等。

②栽培区域：主要集中在滨州市沾化县、无棣县，总面积4.13万 hm^2，占全省冬枣栽培面积的82%；东营市河口区栽培0.73万 hm^2，占山东冬枣栽培面积的15%，其余地市均有零星栽培。

（三）枣植物学特性

落叶小乔木，稀灌木，高达10m；树皮褐色或灰褐色；有长枝，短枝和无芽小枝（即新枝）比长枝光滑，紫红色或灰褐色，呈之字形曲折，具2个托叶刺，长刺可达3cm，粗直，短刺下弯，长4～6mm；短枝短粗，矩状，自老枝发出；当年生小枝绿色，下垂，单生或2～7个簇生于短枝上。叶纸质，卵形，卵状椭圆形，或卵状矩圆形；长3～7cm，宽1.5～4cm，顶端钝或圆形，稀锐尖，具小尖头，基部稍不对称，近圆形，边缘具圆齿状锯齿，上面深绿色，无毛，下面浅绿色，无毛或仅沿脉多少被疏微毛，基生三出脉；叶柄长1～6mm，或在长枝上的可达1cm，无毛或有疏微毛；托叶刺纤细，后期常脱落。花黄绿色，两性，5基数，无毛，具短总花梗，单生或2～8个密集成腋生聚伞花序；花梗长2～3mm；萼片卵状三角形；花瓣倒卵圆形，基部有爪，与雄蕊等长；花盘厚，肉质，圆形，5裂；子房下部藏于花盘内，与花盘合生，2室，每室有1胚珠，花柱2半裂。核果矩圆形或长卵圆形，长2～3.5cm，直径1.5～2cm，成熟时红色，后变红紫色，中果皮肉质，厚，味甜，核顶端锐尖，基部锐尖或钝，2室，具1或2种子，果梗长2～5mm；种子扁椭圆形，长约1cm，宽8mm。花期5～7月，果期8～9月。

（四）山东枣古树资源及保存利用

1.**古树的分布**　根据2016—2017年山东省古树名木资源普查结果来看：山东省共有经济树种古树群214处，共计152 346株，占古树群古树总株数的6.7%，主要树种包括枣、桑、板栗等，其中分布数量最多的是枣古树群，共61 489株，主要分布于德州、滨州、聊城地区。

把3棵以上群生的古树作为1个古树群，德州市有古树群62处，其中有枣树古树群33处，有枣树33 984株，仅乐陵市朱集镇有1处枣树古树群就有古树32 000棵，这里也是德州市枣树生产的核心地区，上百年的枣树每年还能开花结果，这里有0.67万hm²的枣园。从古树群的分布来看主要分布于乐陵金丝小枣省级森林公园和夏津黄河故道国家级森林公园，保护措施很好，每年还能硕果累累，创造经济效益。单株古树名木主要散落分布于农村或者老城区的街道，古树名木的平均年龄为256年，树龄最大的是庆云县庆云镇周尹社区的古枣树，树龄1 400多年，被誉为"中华枣神"而载入《中国名胜大辞典》，相传隋唐时期瓦岗寨英雄罗成在此拴马。

枣花

滨州市共有古树271株，其中小枣116株、冬枣16株、酸枣8株。一级保护的古树37株，枣5株。二级保护的古树41株，枣6株。三级保护的古树186株，枣123株。全市有名木7株，全部为冬枣树。分布在滨城区1株、阳信县2株、沾化县4株。全市有5个古树群落，6 142株，面积73.73hm²。其中沾化县2个小枣古树群落，平均树龄200年，面积70hm²，5 120株。阳信县2个古树群落，小枣树古树平均树龄200年，面积2hm²，300株。无棣县1个小枣古树群落，面积1hm²，512株。

茌平圆铃大枣在聊城市茌平县已有2 000多年的栽培历史，有百年以上的老枣树多棵，分布于庭院及田间，其中肖庄镇圆铃大枣生态园区，有一棵植于明代中期的"枣树王"，聊城市林业局也将其列为"古树名木"，进行重点保护。

2.古树的保护情况及开发利用　根据调查，古树名木管护好的有两种情况：一是具有旅游价值的古树和较高经济效益的古树名木保护较好。例如无棣、沾化的古枣树群，结的枣品质好产量较高，管护人管护及时，树势旺盛。再如无棣的唐枣，依其壮美的树姿和美丽的传说，每年都吸引大量游客观光游览，增加了经济效益，政府修建了古树护栏，树立了碑牌，管护得力。二是在民间有传说的古树保护较好。例如，有一些古树得以留存至今，受益于当地的迷信传说，如青岛西海岸宋家庄酸枣，人们既不忍又不敢破坏，村民都小心呵护。其他古树大多为一般保护，无系统的管护措施。

（五）山东红枣文化

在神话故事中，枣来源于黄帝女儿公式的栽培，其妻嫘还用来养颜，这就是"日食三颗枣，长生不显老"谚语的来历。文字出现后，刚开始是金文，两个"枣"并排，是"棘"字，表示多刺，是矮小成丛莽的灌木，是酸枣，后来变异人工培植栽培，植株也长高了，变成"公式"字，成为上下两"枣"，后来用两点代替。后来红枣文化演变成各种礼节、人格判断的标准，也演变成政治标识和标准，可以说一颗红枣孕育了一种特色文化。耐人寻味的是，从中华古人类人体特征看，直立行走的中华先人和酸枣灌木的高低特征是吻合的，这就方便了中华先人的采摘，更加促进中华先人的直立行走，最后完成了从猿到人的转变，可见红枣作用非凡。

枣，谐音"早"，在我国人民心目中，象征着幸福、美满和吉祥早日到来。在各种喜庆场合中，都少不了枣的身影。在新婚典礼中，大枣和花生是必备的果品，人们把祈求多子多福、传宗接代的心愿，寄托于大枣，祈求"早（枣）生贵子"。除夕之夜，中国人有"守岁"的习惯。守岁时要准备各种糕点糖果，大枣也是必不可少的，寓意为"春来早"。农历七月初七，是传统的"七夕节"，年轻的女子常在夜晚进行各种乞巧（乞巧，就是向织女乞求一双巧手的意思）活动。在鄄城、曹县、平原等地吃"巧巧饭"的风俗别有情趣：七个要好的姑娘在一起集粮集菜包饺子，分别把一枚铜钱、一根针和一个大枣包到三个水饺里，乞巧活动以后，她们聚在一起吃水饺，据说吃到钱的有福、吃到针的手巧、吃到枣的早婚。

在山东，尤其是红枣产区，古枣树是弥足珍贵的枣树"活化石"。枣对产区人民而言不仅是农业产品，更是一个历史、文化符号。现在，枣产业发展已经从卖枣、吃枣到品味小枣文化上来了。以乐陵市为代表的枣产区充分挖掘枣文化，大力推进文旅融合，叫响金丝小枣品牌。从枣粮兼种到一家一户种植，再到产业化发展，乐陵人完成了从单纯产枣、卖枣，到今天的小枣文化推广走向全国。

二、德州乐陵枣博园枣树群

（一）起源及分布

1. 地理位置　位于乐陵市朱集镇，在枣林路至百枣园沿线。H=5m，E=117°16.1238′，N=37°46.5811′。

2. 起源　朱集镇小枣栽培历史悠久，始于商周、兴于魏晋，盛于明清，距今已有3 000多年的历史。至今，全镇拥有3.33万hm^2绿色枣林，仍有2 000多株千年古枣树枝繁叶茂，年年果实累累。

古枣树群

　　3.**分布及生境**　朱集镇位于山东、河北两省和乐陵、庆云、盐山三县交界处，地处平原地带，地势平坦，是乐陵金丝小枣的原产地和主产区，拥有枣树540万株。属暖温带半湿润大陆性季风气候，四季分明。境内日照时间充足，年均2 509.4h。境内年平均气温为12.4℃，年变化率为3.2%。乐陵市平均年降水量527.1mm，境内春季干旱，夏季多雨。春旱利于小枣开花早、开花多；夏季降水量大、温度适宜、日照充足有利于开花坐果和有机物的积累；秋季光照充足有利于果实着色和成熟。因此，该地区是枣生长的优良地段。

古枣树

（二）植物学特性

　　落叶小乔木，枣博园主路两侧枣树树高约7m，树皮褐色，不规则开裂，有多个树瘤，古树经过多次环剥，有明显的枣伽。枝条长短枝明显，短枝和无芽小枝（即新枝）比长枝光滑，紫红色或灰褐色，呈"之"字形曲折。短枝短粗，矩状，自老枝发出，当年生小枝绿色，下垂，单生或2～7个簇生于短枝上。叶卵形或卵状椭圆形，顶端钝或圆形，稀锐尖，具小尖头，基部稍不对称，近圆

枣叶

形，边缘具圆齿状锯齿，上面深绿色，无毛，下面浅绿色，无毛或仅沿脉多少被疏微毛，基生三出脉。枣花黄绿色，两性。核果长卵圆形，成熟时红色，后变红紫色，中果皮肉质，厚，味甜，核顶端锐尖，基部锐尖或钝，具1或2个种子。4月上旬发芽，5月中旬开花，果期9月中下旬。

（三）保存现状

　　千年枣林公园以"枣"（枣生态、枣文化）为核心，以枣林生态游乐、枣林文化体验、枣乡民俗参与、枣园保健休闲度假为主打产品，打造出中国枣林旅游的目的地。由于枣林面积大、古树多，部分枣树疏于管理，所以枣树资源破坏较为严重。为改变这一现状、唤醒全民保护古枣树的意识，朱集镇向全社会公开认筹镇域内500年以上

（已登记造册并编号）的万株古枣树。

（四）文化价值

乐陵已有3 000多年的枣栽培史，现有千年以上的古树千余株，每一棵古树都有着不一样的故事，而这一个个故事，更是使古树成为了传奇。

古树保护牌

缚龙树。此树以拴过龙而得名。相传，大禹治水，力疏九浚，须降伏九条孽龙，其中八条均被制伏，赴入东海，唯徒骇河孽龙最为顽固，仍不服输。禹王差人打造千金木枷给它戴上，又用一条铁链将其牢牢拴于这株老枣树上，等到恶龙被除，树的底部已被磨成道道伤痕，在人们的呵护下，此树不但没有死掉，而且结的枣比往年更多更甜，于是人们悟到了"枷树"的道理，故以后便每年照此环剥枣树，即"枷枣"，迎候丰年。现"开枷"已经成为枣树管理的重要措施之一。

长寿树。当年，清代才子纪晓岚，出游至乐陵境，枣树旁遇一老翁，问："此果，能益寿乎？"老翁答曰："一天吃上三个枣，活到八十不显老。"并摘其与纪晓岚食。纪晓岚食后，立觉甜透肺腑，更见这老翁年逾八旬，仍耳聪目明，一时兴起，借老翁之镰在树上刻下一个"寿"字。细心的朋友自会发现此树隐约有一个繁写的"寿"字，故此树被称为"长寿树"。

枣帝传说

枣帝。据传，乾隆下江南，途经乐陵，品尝小枣后，兴奋说出："此枣和朕儿时吃的枣子一样甘甜"，并挥毫写下"枣王"二字，有碑为证。可此枣非彼枣，乾隆皇帝所说的儿时枣子乃是康熙带入宫中。康熙四十一年（1702）九月，康熙皇帝带领太子四次南巡至德州，过鬲津河如万亩枣林，正值枣子盛果期，仿佛进入一片红色的海洋，枣农家有杠子酒，吃有蒸熟鲜枣，玩有儿孙为伴，难得的其乐融融，康熙帝逗留多日不舍得离开，走时老人不知是大官，你一篮子、他一布兜盛满了枣子赠予此人。后来，地方官府传出在枣林里住了几天的是康熙皇帝，并称赞乐陵枣香甜、民风淳朴。从此，乐陵金丝小枣也就成为皇宫御膳房每次采购的必备品。

三、德州庆云唐枣

（一）起源及分布

1. **地理位置**　位于庆云县城西北11.5km的周尹村。H=8m，E=117°20.9569′，N=37°51.3075′。

2. **起源**　周尹村现存的千年老枣树，世称唐枣。为隋末唐初所植，距今已有1 600多年的历史，被誉为"中华枣王"，载入《中国名胜大辞典》。

3. **分布及生境**　庆云县境内现存还有两大古枣群，为明清两代所植。一处在境西北的邓家、姚家、坊子及周尹、程家、卞家一带，近上万株。另一处在境东的张培元村一带，古树历经岁月磨砺，苍干虬枝，形态各异，至今仍春抽枝芽、夏展绿荫、秋收红果，尤其在霜雪雾霭的原野上，赤裸的苍干方显世纪老人的壮美。

古枣树群

（二）植物学特性

落叶小乔木，唐枣树高约6.8m，底部径粗0.6m，距离树干0.4m处，另栽植一小株枣树，树高约5m，胸径5cm。树皮褐色，树干底部已经中空，树干南部树皮脱落严重。树干向东南方向倾斜。由于树干底部中空，底部1.5m处分别有2支石桩支撑。树干2m以上抽生新枝，枝条长短枝明显，短枝和新枝比长枝光滑，紫红色或灰褐色，呈"之"字形曲折。叶卵形或卵状椭圆形。枣花黄绿色，两性。核果长卵圆形，成熟时红色，后变红紫色，中果皮肉质，厚，味甜，核顶端锐尖，基部钝，种子扁椭圆形。4月上旬发芽，5月中旬开花，果期9月中下旬。

（三）保存现状

1979年，庆云县人民政府曾砌围栏、立钢架，予以佑护。10年之后，于建国40周年之际，又加以

古树侧面

修葺，加强管理措施，并立石一方，是为《唐枣碑》。为了加大对"中华枣王"——唐枣的保护，庆云县以唐枣为基础，建设了唐枣生态观光园。唐枣生态观光园位于庆云镇周尹村，占地面积66.7hm²，北傍漳卫新河，东临漳马河，是以万株枣树古木群为特色的生态旅游观光园。

（四）文化价值

当地百姓对唐枣树有三种称呼：一是将军树；二是瓦岗山将军议事厅；三是罗成拴马桩，是因为罗成将军曾在此拴过马。

在庆云民间流传这样的一个故事，因罗成将军经常到此树下拴马休息，有一年他又一次在老枣树下休息，此时正值八月十五，树上硕果累累，罗成将军饿了，顺手采摘枣子充饥。那枣比蜜还甜，他这次还身负重任，罗成将军

唐枣碑

要代表瓦岗寨英雄去会见唐国公李渊，商谈合作推翻腐败的大隋，将军来得匆忙未带礼品。吃此甜枣后罗将军拿出银两给此树的主人，买这棵树上的红枣为礼品见唐国公李渊，这棵树的主人说啥也不要罗将军的银两，就给将军装满了他的军粮袋，罗将军谢过老乡急匆匆赶路，日夜兼程到了李渊的大营。

罗将军见到李渊就将红枣礼品呈上，并说这是人间的宝果糖枣。李渊连吃几个不住点头，随即将罗成将军所带小枣赏分于李世民及手下众将品尝，以李世民为首的各位大将一口同音高声说："好甜啊，真是糖枣！"经过这次以枣为媒的合作洽谈，达成了推翻隋朝的共识。而且是一个胜仗接一个的胜仗，很快推倒了大隋。李渊在与群臣商议建国所用国名时，李世民出班奏道："父王要以唐字立为国号，原因有二，一是父王是唐国公，二是罗成将军以糖枣为媒，使我们与瓦岗寨英雄达成共识，

唐枣

古树枝干

瓦岗寨英雄除单雄信外都已经归顺了我们，均是忠心耿耿的将领，罗成将军为推翻大隋而捐躯，我们要世世代代纪念他送糖枣结联盟之功，不知父王意下如何？"李渊大喜："很有道理。准奏！"

又据说，明代燕王朱棣扫北（燕王扫北）时，当地众多百姓躲避在唐枣树下，忽然大雾弥漫，众人得以幸免于难，所以当地的群众又称唐枣树为神树。

抗日战争期间，日寇实行"三光"政策，一片片枣林毁于一旦。日军欲伐"唐枣"树时，村民聚于树下，冒死相护，中华民族的浩然正气，使敌不敢妄为。

四、滨州无棣县车王镇枣

（一）起源及分布

1.地理位置　千年古桑园位于山东滨州市无棣县车王镇崔王孟村，在大禹治水时九河之一的马颊河新旧河道之间。H=6m，E=117°37.4707′，N=37°53.1793′。

2.起源　无棣县栽培枣树历史悠久，始于夏商，盛于唐代，被誉为"华夏枣都"。各个乡镇均有古树的分布。千年古桑园内有古枣树林一片，树龄百年以上，最大一株为"枣树王"，相邻30余米，有一"枣王后"。

千年枣王　　　　　　　　　　　　　　　　古枣树群

3.分布及生境　无棣县地处山东省最北部，渤海西南岸，东连沾化县，西接庆云县，南靠阳信县，北隔漳卫新河与河北省黄骅市、海兴县为邻。千年古桑园位于车王镇中西部、德惠新河和马颊河之间，为黄河冲积平原地形地貌。无棣县属北温带东亚季风区域大陆性气候。具有夏热多雨，冬寒季长，春季多风干燥，秋季温和凉爽的特点。无棣县年平均气温12℃左右。

（二）植物学特性

枣属落叶小乔木，千年古桑园内有百年小枣群一片，平均树高6.5m，胸径0.25～

0.4m，枝下高1.5m，树形多为自然开心形，树冠伞形或乱椭圆形。最大一株树为"枣树王"，树高7m，冠幅8.5m，枝下高1.5m，树冠伞形，树形优美呈自然开心形。主枝直立生长，略向东倾斜，在株高1.0m处有5分枝，均匀分布于树干周围，该树只花不果。距离该树30m处有一"枣树王后"，树高7.5m，胸径0.3m，树形纺锤形，树冠伞形，枝下高0.4m。有一个主枝，在0.4m处分出一侧枝，侧枝粗约0.1m。枝叶量中等，生长旺盛。两株古树枝条长短枝均明显，短枝和新枝比长枝光滑，紫红色或灰褐色，呈"之"字形曲折。枣花黄绿色，两性。该地区枣树4月上旬发芽，5月中旬开花，果期9月中下旬。

枣花

（三）保存现状

两株枣树及小枣树群均在千年古桑园内较好生长，并作为单独的旅游景点列出。具体管护单位为车王镇政府和千年古桑园管理委员会。

（四）文化价值

千年古桑园枣树只花不果，被称为"枣树王"，在附近于家庄村有颗"公枣树"，也有相同的情况，这里还有个美丽的传说。

据车王镇于家村的于姓谱书记载，明代末年，该村有个名叫于英臣的宦官，在京城去世后，后人将其遗骨迁回了老家，筑坟纪念。后来，坟头上便长出了这棵只开花不结果的枣树"公枣"树，人们说这树就是宦官于英臣的化身，所以它只开花不结果。

听村里老人们讲，这棵"公枣"树曾经过三次浩劫，但最终逢凶化吉，坚强的活了下来。第一次，有人来锯这"公枣"树，半年后这人全身生疥疮，烂掉了双手，脸上长

古枣树群

枣树王后

满了天花，常常夜里做噩梦，梦见宦官于英臣对皇帝说："是他砍了我的头。"皇帝坐在金銮殿的宝座上，指着砍树人说："将他凌迟，灭他后代。"后来这人疯了，天天到于英臣的坟前烧香，围着坟墓跑圈，来年被锯的"公枣"树茬上又长出了新的枝头。

百年后，又来了第二个锯树人，这人不信邪不怕鬼，只想锯掉"公枣"树头赌命运。就在他产生锯"公枣"树的想法时，当空就晴天响一个霹雳，震耳欲聋，他打了个寒噤，却没有改变主意。夜里，他拿起斧头和锯直奔"公枣"树而去，在他锯"公枣"树时，耳边隐隐听到一个非男非女的老人在低声哭泣，这时锯树人也感觉毛骨悚然，寒冷的夜空里又出现了"海市蜃楼"景观，天兵天将纷纷高喊着"大逆不道"从天而下，顿时风起云涌。与锯树人一同帮忙的人，也被吓得魂飞魄散。他们颤抖着双臂，锯掉树头，拉上树干，赶忙回家。在回家途中，狂风飞沙走石，他们心惊胆战，过度紧张，走到拐弯路上，便车翻人亡。

第三次锯树的人是一个外村人，他拿回家的树干用于盖房，树枝用于烧饭。在大年三十午夜，全家人吃过年饭后，进入香甜的梦乡。半夜里，突然寒风四起，灶火台里老枣树枝的余火神不知鬼不觉地自燃，点着了灶旁剩余的老枣树枝和柴草，火借风势火焰高，寒冷的旋风吹卷着"鬼火"，在屋子里飞上飞下，烧尽了屋子里的所有物品，一家人也被活活烧死。

五、滨州无棣埕口镇枣树群

（一）起源及分布

1. 地理位置　该枣树群为金丝小枣古树群，位于埕口镇牛岚子西村，现有古树1 000余株，为国家三级保护古树。H=2m，E=117°42.5327′，N=38°4.3117′。

2. 起源　无棣县栽培枣树历史悠久，始于夏商，盛于唐代，被誉为"华夏枣都"。全县有枣面积7.66万hm²，枣树4 100万株，其中小枣树2 720万株，冬枣树1 380万株，年产小枣（干）4 500万kg，冬枣3 000万kg。是国家林业局命名的"中国枣乡"。无棣县各乡镇均有枣树栽培，且百年以上老枣树大量存在。

3. 分布及生境　无棣县地处山东省最北部，渤海西南岸，东连沾化县，西接庆云县，南靠阳信县，北隔漳卫新河与河北省黄骅市、海兴县为邻。属北温带东亚季风区域大陆性气候。具有夏热多雨、冬寒季长、春季多风干燥、秋季温和凉爽的特点。年平均气温12℃左右。

（二）植物学特性

枣属落叶小乔木，金丝小枣古树群树高平均5~6m，底部径粗0.25~0.4m，树干高0.4~0.6m处有分枝。树形多为自然开心形或纺锤形，树冠塔形或卵圆形。埕口镇金丝小枣古树繁多,最著名的是后埕子村"连理枝"枣。该枣树树高6.5m,地径0.84m,两株枣树自根部开始连接,分别向两侧倾斜生长,2株树干底部均呈中空状态,空隙高度达1.1m,树皮也不规则的脱落,基部树皮有青绿色的藓类附着。在2株枣树旁边紧挨着各着生新枣树,其中一侧1株,一侧2株,且2株亦和母株一般从根部连生。古树枝条长短枝明显,短枝和新枝比长枝光滑,紫红色或灰褐色,呈之字形曲折。短枝短粗。叶卵状椭圆形。枣花黄绿色,两性。该树结果量相对较大,据文献记载每年还接鲜枣100kg。4月上旬发芽,5月中旬开花,果期9月中下旬。

无棣埕口镇连理枝枣

古枣树群1

（三）保存现状

无棣古枣树较多,多数分产到户或归村集体所有,管理状况不一。种植户管理一般管理良好,结果量中等,而集体所有的多处于粗放状态,有些已经枯死。

（四）文化价值

"在天愿作比翼鸟,在地愿为连理枝"是比喻男女之间忠贞不渝的爱情。在无棣县埕口镇后埕子村,就有一对连根生的老枣树,被当地人称为"连理枝"。这对枣树被当地政府立为名木古树加以保护。

这对"连理枝"背后还有一段动人的传说。相传,秦始皇得知东海有三座仙山,就派徐福等方士带数千童男童女去东海求长生不老之药。徐福在厌次县（今无棣县）鬲津河（漳卫新河）西岸近海处设千童城（今沧州盐山县千童镇）,征招全国俊美少男少女数千人,培训造船、航海、道法等技艺,以备出海求仙。在这些少男少女中,有个男孩叫辰风,女孩叫辛月,他们两人在学习中相爱了。他们许下愿望,等求得仙药回到故里,便结为夫妻。

日月如梭,庞大的船队快要建成了,离出海的日子越来越近了。就在这时,辰风和辛月的关系被恶毒的看管发觉了，看管派人把辰风毒打了一顿，将他分在了另一个看守严密的地方，二人就在苦苦的相思中煎熬着。

一天夜里，辰风千方百计绕过关卡见到了辛月，二人喜极而泣。辰风从辛月那里得知，所谓的求仙实则茫无边际不知归期，二人便约定在船队出海时跳船逃生。

枣叶

当求仙船队开始浩浩荡荡地从河口驶向大海，少男少女们看着船渐渐驶离了岸边，泪水无声地落了下来，船上发出一片低低的啜泣声。这时突然传来一声惊叫："有人跳海了！"只见海面上两个白色的身影奋力向岸边游去。徐福怕人心不稳，大声命令士兵下水追杀。

辰风和辛月游上岸后，拼命向前跑，追杀的人在后面穷追不舍。不知道跑了多久，他们来到一处叫后埝子的地方，实在无力再跑了，就瘫坐在土岗上。两人微笑地看着离他们越来越近的那些闪着绿光的戈……

后来，人们就把辰风和辛月一同埋在了那个高岗上，不久，土岗长出了一对同根相连的金丝枣树。这对连理枝越长越大，结出的小枣，外形秀美，入口甘甜。他们历经沧桑，饱受重重灾难，仍枯枝新叶，果实累累。

古枣树群2	古枣树群3

六、滨州无棣小泊头镇枣树群

（一）起源及分布

1. **地理位置**　该枣树群为长红枣古树群，位于小泊头镇小李家村，树龄200年，现有古树36株，为国家三级保护古树。H=7m，E=117°35.5330′，N=38°0.0481′。

2.起源　无棣县栽培枣树历史悠久，始于夏商，盛于唐代，被誉为"华夏枣都"。是国家林业局命名的"中国枣乡"。无棣县各乡镇均有枣树栽培，且百年以上老枣树大量存在。小李家村土地肥沃，村民自古种植枣树，现存古枣树36株。另外，文家村有一"冬枣王"，被列为县级古树名木。

3.分布及生境　无棣县，地处山东省最北部，渤海西南岸，东连沾化县，西接庆云县，南靠阳信县，北隔漳卫新河与河北省黄骅市、海兴县为邻。小泊头镇位于小泊头镇位于无棣县西北部，距县城40km。德惠新河、马颊河穿境而过。无棣县属北温带东亚季风区域大陆性气候。具有夏热多雨，冬寒季长，春季多风干燥，秋季温和凉爽的特点。无棣县年平均气温12℃左右。

古枣树

古枣树群

枣属落叶小乔木，小泊头镇小李家村有长红枣古树36株，其中最大一株树高8.2m，主干1.3m，胸径0.54m，冠幅南北10m，东西8m。古树树形一般为自然开心形，树冠伞形或卵椭圆形，枝条长短枝明显，短枝和新枝比长枝光滑，紫红色或灰褐色，呈之字形曲折。叶片互生，多披针形，叶片一般长4～8cm，宽2～3.5cm。结果量一般，每年株产鲜枣10kg左右。小泊头镇文家有株"冬枣王"。树高5m，胸径0.3m，冠幅平均8.5m，主干高2.0m，树冠长方形或"一"字形。叶卵状椭圆形或披针形，平均长

枣叶

4.8cm，宽2.2cm，顶端钝或圆形，具小尖头，基部稍不对称，近圆形，边缘具圆齿状锯齿，上面深绿色，无毛，下面浅绿色，无毛，基生三出脉。古枣树花差别不大，一般为黄绿色，两性。4月上旬发芽，5月中旬开花，果期9月中下旬。

（三）保存现状

无棣古枣树较多，多数分产到户或归村集体所有，管理状况不一。长红枣古树群由村委会具体管护，管护状态良好，"冬枣王"已由无棣县人民政府立碑保护被列为县级保护古树，由村民具体管护。

（四）文化价值

说起无棣的小枣，还有一个"天枣下人间"的美丽传说：一天，天宫里热闹非凡，各路神仙正应邀参加王母娘娘的蟠桃盛会。北海龙王也带着他的龙官虾将前来赴宴。只因那看管桃园的孙大圣偷吃了仙果，使得这次宴会仙多而桃少。无奈，司宴官只好宣布"品尝蟠桃者仅限各路首领"。这样，北海大军就只有海龙王饱此口福了。为了照顾情面，玉皇大帝差天王李靖搬来一坛"天枣"，分给众多的龙官虾将每人一把。他们倍感皇恩浩荡，将"天枣"带回北海龙宫受用。"天枣"吃光了，枣核却深埋海底。若干年后，海潮渐渐退去，在一片广阔的海滩上慢慢长出了枣树，这便是今日的无棣金丝小枣。

"冬枣王"位于无棣县小泊头镇文家村。相传，当地其他老冬枣树都是从这棵树上采集接穗嫁接而来。如今，无棣县冬枣树已增至1 500万株，追根溯源，都称得上是该树的子孙后代，称其为"冬枣王"可谓实至名归，当地政府立碑、围栏对其加以保护。

古枣树群1

古枣树群2

七、滨州无棣县信阳唐枣

（一）起源及分布

1. 地理位置　位于山东省无棣县信阳乡李楼村，树龄1 400余年，为国家一级保护古树。H=5m，E=117°41′12.39″，N=37°48′13.31″。

2. 起源　无棣县栽培枣树历史悠久，始于夏商，盛于唐代，被誉为"华夏枣都"。

是国家林业局命名的"中国枣乡"。无棣县各乡镇均有枣树栽培，且百年以上老枣树大量存在。信阳乡李楼村"唐枣"是迄今止发现最古老的枣树。

3.分布及生境　无棣县，地处山东省最北部，渤海西南岸，东连沾化县，西接庆云县，南靠阳信县，北隔漳卫新河与河北省黄骅市、海兴县为邻。属北温带东亚季风区域大陆性气候。具有夏热多雨，冬寒季长，春季多风干燥，秋季温和凉爽的特点。无棣县年平均气温12℃左右。

唐枣

（二）植物学特性

唐枣树位于无棣县城北5km处的信阳乡李楼村南，树高7.5m，直径2m，东西冠径6.4m，南北冠径6.26m，枝繁叶茂，生机盎然，每年结果40～50kg。叶卵状椭圆形或披针形，平均长4.8cm，宽2.2cm，顶端钝或圆形，具小尖头，基部稍不对称，近圆形，边缘具圆齿状锯齿，上面深绿色，无毛，下面浅绿色，无毛，基生三出脉。古枣树花黄绿色，两性，单生或2～8个密集成腋生枣的花瓣图聚伞花序，花瓣倒卵圆形，基部有爪，与雄蕊等长，花盘厚，肉质，圆形，子房下部藏于花盘内，与花盘合生，花柱2半裂。县政府为"唐枣"树修建护栏，配专人管护，并修路立碑。有文献记载："主干结九瘿，穿七窍，乱枝交错，枝繁叶茂，硕果累累"。据载，该树系621年所栽，距今已有1 300多年的历史，是迄今止发现最古老的枣树。4月上旬发芽，5月中旬开花，果期9月中下旬。

（三）保存现状

1992年，无棣县政府又为其树碑立传，使其成为无棣县一大景观。

（四）文化价值

"唐枣"碑铭：唐元和八年（公元813年），海啸潮溢，棣域百里顿成泽国，田园禾稼皆毁，村屯树木尽杀，唯此树大难不殁,独与贞观时所建大觉寺塔比邻而立，昭示唐风，称奇于世。仰李楼村民世代恩泽，岁寒不折其枝，年荒不损其叶。结九瘿体态益

枣花

壮，穿七窍志气弥坚。今逢太平盛世，愈发欣欣向荣，可谓虬蟠衔嫩枝，峥嵘吐鲜果，长红常青，庇荫枣乡，千载不衰，堪称寿树，令人叹为观止。值此无棣命枣树为县树之年，特立此碑，以示珍重。

据当地百姓介绍，传说当年赴蟠桃盛会的龙宫虾将把玉皇大帝恩赐的"天枣"带回龙宫吃光后，剩下的枣核扔在海底，海潮退出，海滩上便长出了枣树，结出了金丝小枣。虽然这棵老枣树就在路边，但村里人从不折损其一枝一叶，他们已经把这棵老枣树尊为"寿树"，称其果为"寿果"，传说食用一颗可延寿三载。成熟后采摘下来珍藏，四方乡邻常求索为药引子医治疾病。

八、青岛黄岛西海岸宋家庄酸枣

（一）起源及分布

1. 地理位置　胶南宋家庄村酸枣位于胶南市珠山街道办事处宋家庄村门市部院内，为国家一级保护古树。H=9m，E=119°55.3956′，N=35°53.0667′。

2. 起源　青岛市古树名木中酸枣共有12株，其中一级古树9株、二级古树3株。

3. 分布及生境　西海岸新区地处青岛市西南部，山东半岛西南隅，胶州湾畔。境内山岭起伏，沟壑纵横。东南面的薛家岛把胶州湾与黄海分开。中部为海积平原，整个地形呈西高东低之势。境内的山脉主要是西部的小珠山山脉，该山脉向东，向北延伸。西海岸新区属东南沿海水系，均为季节性河流。因境内山水辛安河相连，形成了源短流急，单独直接入海的特点。西海岸新区地处北温带季风区域内，暖温带半湿润大陆性气候，空气湿润，雨量充沛，

古酸枣树

温度适中，四季分明，有明显的海洋气候特点，具有春寒、夏凉、秋爽、冬暖的气候特征。

（二）植物学特性

该枣树树高12m，胸径0.44m，树冠东西向5.6m，南北向5.2m，树龄514年，为国家一级保护古树，古树编号07084。据调查，周围百里内的野生酸枣多为灌丛状，胸围粗细不超过3cm，只有这株酸枣长成了大树。树干倾斜生长，倾斜角度约30°，距离屋檐不到10cm，为此珠海街道办事处还专门在树下搭建了支架。树皮褐色，不规则浅

纵列，树皮有多个树瘤和结痂。酸枣枝上带刺，呈之字形弯曲，紫褐色。叶互生，叶片椭圆形至卵状披针形。花黄绿色，2～3朵簇生于叶腋。核果相对大，近球形，熟时红褐色，长0.7～1.2cm，味酸，核两端钝。花期6～7月，果期9～10月，落叶期迟，大约11月。"这棵枣树有个特点，每年春天发芽晚，但落叶也晚，有时候都霜降了，它的叶子还是绿的。"这是小卖部主人郭桂仙的描述。

树干

（三）保存现状

该酸枣树被周围群众认为是福树或老寿树，一直无人敢毁坏之故，所以得以很好保存至今。

（四）文化价值

青岛市古树名木中酸枣共有12株，其中即墨市有6株，平度1株，莱西2株，李沧区1株，胶南市1株，平度市2株。酸枣树多为野生种子自然生长，树龄均在100年以上，古酸枣树历经百年沧桑，多数仍是枝繁叶茂，硕果累累，均被当地群众视为"神树"或"福树"。关于酸枣古树也有部分传说，其中就有平度"酸枣神树"的传说。

平度"酸枣神树"位于平度市蓼兰镇韩丘村内。韩丘村先民于明代洪武年间自山西洪洞县迁来此地建村，从此，此致枣树就成为村中一宝。该树树冠呈圆卵状，每到秋季硕果累累，可产酸枣50～100kg。由于此村年龄长、村冠大，被村民奉为神树。该村80多岁的村民侯义兴老人介绍，每到秋季果实成熟时节，顽童上树摘果，多次从5～6m高的树上掉下来，从无一人摔伤。又说民国十年前后，有人曾想卖掉此树修庙，结果先后得病死去。以后，再也无人敢破坏此树。虽然这只是一种巧合，但却使古树得以较好保护。

平度柘埠村也有一株"酸枣神树"。该树位于平度市张合镇柘埠村村东小河东坝一座孤坟顶。树高12.3m，胸围1.75m，树冠东西向9.2m、南北向11.2m，生有四条较大侧枝，每枝像虬龙展翼，曲曲折折指向苍穹，整株树呈塔形堆叠。古酸枣长势旺盛，枝繁叶茂，传说树

树冠

龄300余年，为国家二级保护古树。树身南侧生有5株子株，每株胸径已达0.8m，树龄也在100年以上。据村中护树的牟本太老人介绍，此树生于明代末年，由于树体高大而且木质坚硬，过去曾有外村人多次企图盗伐。一次是邻村有两人携锯夜间砍伐，见锯口有血状树液流出，遂仓皇逃窜。一次是邻村一人夜间盗伐，刚欲锯，忽闻月树后有咳嗽一声，抬眼看见一苍白胡须老人慢慢走来。盗树人大惊，仓皇逃匿。这类传说，在当地广为流传，以至在近代军阀混乱时都无人敢动此树，因而得以完好保存。1996年，当地政府重修了树坛，并委专人看护。

酸枣古树牌

九、青岛即墨移风店挂甲枣

（一）起源及分布

1. **地理位置**　该树位于山东省即墨市移风店镇张家村村西，树龄1 530余年，为国家一级保护古树。H=14m，E=120°11.9966′，N=36°32.4026′。

2. **起源**　隋唐时代栽植。是即墨最老的古树之一。

3. **分布及生境**　位于中国山东半岛西南部，东临黄海，与日本、韩国隔海相望，南依崂山，近靠青岛。属暖温带季风大陆型气候区，四季变化和季风进退都比较明显。春季风大，空气干燥，雨量较小，易发生春旱；夏季雨量集中，灾害性天气较多；秋季常受旱涝威胁；冬季雨雪稀少。年平均降水量708.9mm，其中夏季约为年降水量的65%。多年平均气温12.1℃，极端最高气温38.6℃，极端最低气温－18.6℃。年积温4 410℃，年均无霜期自西向东196～234d不等，年均即墨2 726h，适宜多种作物生长。

（二）植物学特性

挂甲树是即墨最古老的树，古树编号7013。树高4.6m，树干高1.94m，胸径30cm，冠幅2.8m。该古树的树皮破坏严重，半面树皮已经破损，布满了大大小小的坑洞，这一定程度上影响了古树的生长，

挂甲树介绍

使得古树的树冠并不高大。树干直立生长，主干2m处开始抽生新枝，上部主枝枯死，分别在南北方向抽生出2枝，树枝粗约为7cm。树皮褐色，不规则浅纵列，树干有多个树洞。枝叶量不大，短枝短粗，矩状，自老枝发出；当年生小枝绿色，下垂，枝上带刺，呈之字形弯曲，紫褐色。叶互生，顶端钝或圆形，稀锐尖，具小尖头，基部稍不对称，近圆形，边缘具圆齿状锯齿，

古树牌

上面深绿色，无毛，下面浅绿色，无毛或仅沿脉多少被疏微毛，基生三出脉。4月中旬发芽，5月中旬开花，果期9月中下旬。

（三）保存现状

该村男女老幼将其尊为"神树"，从书上挂满的红绸就可以看出。作为即墨最老的古树，是一笔宝贵的历史文化财富，即墨市人民政府和当地村委会对其进行了保护。现在由于树皮破坏严重，该树生长不如以前茂盛，但相信经过当地管理部门的精心呵护，古树会逐渐恢复生机。

挂甲枣

古树一侧

（四）文化价值

即墨市移风店镇张家村，在村西一座叫做"百灵庙"的寺庙旁见到了这棵即墨最老的古树，远看这棵古树长满了新绿的枝叶，和旁边的树木相比显得并不高大，也并没有特殊之处，唯有挂在树上的彩旗和红色丝绸告诉你这棵树并不一般。但记者走近后发现，这棵古树的树干弯曲向上，半面树皮已经破损，布满了大大小小的坑洞，显现出它曾饱经岁月。据附近村民反映，当地流传着这样一个传说，贞观十八年，唐太宗李世民带兵东征路经此地突遇大雨，便躲至一座名叫"百棱庙"的寺庙中避雨，并将盔甲脱下挂了这棵古树上晾晒，盔甲很快晾干，这棵树也因此得名"唐太宗挂甲树"。此外，关于唐王李世民还有这样的传说，李世民在庙中避雨时，庙前小湾里的清水变成了稠粥，供十万兵马饮用充饥，李世民的战马还在石桥上踩下一个月牙形的蹄印，将士们也踏出了弯曲不同的九条小道。

十、泰安宁阳枣树王

（一）起源及分布

1.地理位置　该树位于宁阳县葛石镇黑石村，属神童山风景区，树龄1 600多年。H=130m，E=116°5788′，N=35°46.2948′。

2.起源　隋唐时代栽植，是宁阳县古树名木。

3.分布及生境　神童山位于宁阳县葛石镇境内，大枣栽培有着2 700多年历史，是全国经济林协会命名的"大枣之乡"。由于此处地势高，光照充足，山壤疏松肥沃，富含腐殖质，为生产优质大枣提供了得天独厚的自然条件。改革开放后，在各级政府的指导下，枣栽植面积迅速扩大，达万余亩，片片枣树遍

枣树王

布在神童山坡地。当地现存300年以上的古枣树1.5万多株，其中最年长的枣树王更是达到1 600年的树龄，被当地人当作树神来膜拜。

（二）植物学特性

神童山枣树王古树编号4499。树高9m，枝下高2.1m，胸径40cm，冠幅9m。树

皮褐色，不规则浅纵列，在树1.0m处有个十字形凹陷，在凹陷上方有3分枝，其中一主枝直立生长，另外两枝分别向西北和东南方向伸展，分枝角约30°和45°。树形开心形，树冠伞形。树体枝叶量相对较多，生长旺盛。叶卵状椭圆形或披针形。枣花黄绿色，两性，单生或2～8个密集成腋生枣的花瓣图聚伞花序。4月上旬发芽，5月中旬开花，果期9月中下旬。

枣树王牌

（三）保存现状

该地区男女老幼将其称为"神树"，是万亩"好运枣园"的重要组成部分。作为枣乡宁阳的一笔宝贵的历史文化财富，宁阳县人民政府和神童山风景区对其进行了保护。当地人一直把它当作"神树"崇拜，游客也喜欢抱一下"枣树王"或与"枣树王"合影留念，以寄寓"枣进步、枣成才、枣生贵子、枣发财"等美好愿望。

枣果

枣王牌

（四）文化价值

宁阳县在神童山景区划出近万亩精品枣林打造"好运枣园"，深挖枣林历史文化内涵，规划建设了枣园"如意之门"、观光塔、枣树王、孔子望枣、圣母献枣、枣花湖、大枣文化长廊等系列人文景观，为浩如烟海、壮美如画的"万亩枣林"锦上添花，赋予其新的韵味、新的亮点。

万亩枣林游自古就有文献记载。2 500年前的孔子首开游宁阳枣林、赋诗颂宁阳枣林的先河。"诗仙"李太白、"诗圣"杜甫、北宋大文学家苏东坡、"豪放派"词人辛弃疾、著名爱国英雄文天祥都有游枣园、颂枣园的千古绝唱。"孔子望枣"和"枣树王"

是"好运枣圆"最重要的人文景点。矗立着孔子观宁阳枣林的雕像，广场上布陈孔子咏宁阳枣林的名作《邱陵歌》和"有朋自远方来不亦乐乎"名言，表达了枣乡人好客的情怀。

"枣树王"是好运枣园中最年长的枣树，此树粗壮高大异常，树龄近1 600年，胸径接近2m，树干高约9m，树冠占地达280m²，是名副其实的"枣树王"。当地人一直把它当做"神树"崇拜，游客也喜欢抱一下"枣树王"或与"枣树王"合影留念，以寄寓"枣进步、枣成才、枣生贵子、枣发财"等美好愿望。

十一、聊城茌平枣树王

（一）起源及分布

1.**地理位置**　该树位于聊城市茌平县肖庄镇万亩生态枣园。H=30m，E=115°48.12′，N=36°25.57′。

2.**起源**　茌平县是著名的圆铃大枣之乡，至今已有3 000多年的栽种历史。百年以上老枣树3 000余棵，枣树王树龄约为500年。

3.**分布及生境**　生态园地处黄河故道，独特的气候条件和地理环境比较适合大枣的生长，这里出产的圆铃大枣果实饱满，品质优良，肉厚核小、色泽艳丽且营养丰富，曾是历代必选的"贡枣"，为中国名贵特产。

枣树王

（二）植物学特性

茌平县"枣树王"树高10m，枝下高1.5m，胸径45cm，冠幅12m。树皮褐色，不规则浅纵列。树形纺锤形，树冠分成三层。树体枝叶量较多，生长旺盛。叶卵状椭圆形或披针形，平均长5.1cm，宽2.5cm，顶端钝或圆形，具小尖头，基部稍不对称，近圆形，边缘具圆齿状锯齿，上面深绿色，无毛，下面浅绿色，无毛，基生三出脉。枣花黄绿色，两性。结果量大，果实形似圆铃，果皮深紫红色，个大皮薄、肉厚核小、果形饱满、肉实，甘甜香脆，营养丰富。平均单果重15g左右。4月上旬发芽，5月中旬开花，果期9月中下旬。

（三）保存现状

枣树王是枣乡的历史见证。现在村民已把它圈围保护起来，保护现状良好。2005

年9月，茌平县政府将其命名为"枣树王"，聊城市林业局将其列为"古树名木"。

（四）文化价值

枣树王树龄约500年，树冠覆盖面积达200m²，圆铃大枣生态园重点打造的核心景点之一。据许庄村史记载，枣树王曾有过高产340kg大枣的记录，所产大枣均在每届文化节上拍卖。2005年9月，茌平县政府将其命名为"枣树王"。该树树体高大，树冠分上中下三层，大有王者风范，被当地村民奉为神树，每年9月9日前来祈福求寿的游客络绎不绝。

枣花

关于枣树王的来历还有一段美丽的传说，地处黄河故道的古博陵一带，河水时常泛滥，五谷难生，百姓苦不堪言。一天，一对美丽的七彩凤凰盘旋而至，口衔几枚金黄色的种子，洒落在这片土地上，水患逐渐消退，后来这几颗种子生根发芽，茁壮成长，结出了圆铃状的红果，既能充饥，又可做营养美味，还能入药治病。自此圆铃枣便广泛栽植，滋育造福着这方百姓。而今历经500余年风雨，依旧生机盎然的枣树王据说就是那几颗枣种的后裔。人们为了纪念这两只为当地带来福祉的凤凰，把古博陵的一个地方命名为"肖"。肖的甲骨文宛若凤凰。当年这两只凤凰向南飞翔，曾在聊城驻足，现存有"凤凰台"遗址。据《博平县志》记载，晋文公重耳登基前，曾在茌平县博陵（今茌平县肖庄镇王菜瓜村西1km处）避难躲身，建筑"望乡台"，西望故国，号"晋台"。

重耳虽日日登上"望乡台"遥望故乡，但思乡思亲之苦仍不能解脱，不思饮食，日渐消瘦。因重耳为人善良，众乡亲便把收获的博陵大枣赠予重耳品尝，没想到食后胃口大开。仆人还在面食和粥中掺入博陵大枣，使之香甜可口，重耳的身体也日渐好转，精力旺盛，思路敏捷。

回国后，重耳做了国王，封号"晋文公"。虽然王宫的膳食尽是山珍海味，但重耳却始终忘不了博陵大枣的香甜，并向大臣推荐说"此为救命枣""日食博陵枣，终生不见老"。从此以后，老人、病人、妇女坐月子必食该枣，博陵大枣在皇宫、在民间均流传开了。自此，博陵大枣被列为贡品，每年要进贡朝廷。

枣树王扎根于贫瘠的黄河故道，取之甚少，奉献甚硕，但从来不事张扬……沉稳、果敢、坚韧、忠实、厚道、勤恳、淳朴……枣树王集高风亮节大德于一身，天衣无缝地与博陵故地的乡风民风融为一体。

十二、滨州沾化冬枣嫡祖树

（一）起源及分布

1. 地理位置 该树位于滨州市沾化区下洼镇沾化冬枣研究所院内。H=5m，E=117°54.65′，N=37°41.75′。

2. 起源 "冬枣嫡祖树"明代前后栽植（1400）。

3. 分布及生境 沾化区位于山东省北部，地处黄河三角洲高效生态经济区和山东半岛蓝色经济区开发建设的主战场，东和东南分别与东营市河口区、利津县为邻，南与滨

沾化冬枣嫡祖树

城区毗连，西与阳信、无棣两县接壤，北临渤海。山东省滨州市沾化区属于鲁西北冲积平原，位于渤海湾南岸，地势西南高东北低。土壤偏碱性，土壤表层多为轻壤和中壤土，土壤肥力高。气候属温带大陆性季风气候。

（二）植物学特性

沾化区"冬枣嫡祖树"树高12m，枝下高1.5m，胸径40cm，冠幅12m。树皮褐色，不规则浅纵列。树形倒卵形。树体枝叶量较多，生长旺盛。叶卵状椭圆形或披针形，顶端钝或圆形，具小尖头，基部稍不对称，近圆形，边缘具圆齿状锯齿。枣花黄绿色，两性。沾化冬枣果形呈扁圆形或圆形，果面光洁，成熟后分别呈现出点红、片红、全红，着色面颜色为赭红色。成熟的沾化冬枣皮薄肉脆、核小，口感甘甜清香，甜酸适口，食之无渣。4月中下旬发芽，5月中旬开花，成熟期晚，10月中下旬成熟，状如苹果，有"小苹果"之称。

（三）保存现状

冬枣嫡祖树是枣乡的历史见证。现在由沾化区人民政府把它保护起来，保护现状良好。

枣花

（四）文化价值

它产自明代洪武年间下洼镇栽的一棵枣树。现在，这棵枣树被尊为沾化冬枣"嫡祖树"。每年这棵300多岁的枣树还能结100kg甜甜的、脆脆的枣。由于冬枣是嫁接而成，包括山东沾化、陕西大荔、新疆库尔勒、河北黄骅在内大约80亿元产值的冬枣产业，都发源于这棵嫡祖树，因此这棵"嫡祖树"也成了沾化冬枣文化传承的象征。

古树碑

历朝历代，冬枣只生于庭院。到改革开放初期，下洼镇周围村落中可数出的冬枣树只有56株。经科技人员研究开发，当地政府产业化推进，目前沾化全县冬枣种植面积超过3.33万hm^2，产量近1亿kg。而东平村因为"树王"加持，有了"中国冬枣第一村"的美誉，全村75.3hm^{2}耕地，全部为冬枣种植园，以此为核心的沾化冬枣生态旅游景区，先后被评为"国家AAA级旅游景区""全国农业旅游示范点""山东省最具成长力景区"。

主要参考文献

包文泉，乌云塔娜，王淋，等. 野生杏和栽培杏的遗传多样性和遗传结构分析[J]. 植物遗传资源学报，2017，18(2): 201-209.

包志毅，2004. 世界园林乔灌木[M]. 北京: 中国林业出版社.

毕胜，李桂兰，1993. 山东板栗及主要品种[J]. 特产研究(1): 46-47.

蔡荣，颜佳花，祁春节，2007. 板栗产业发展现状、存在问题与对策分析[J]. 中国果菜(1): 52-53.

朝鲁，1993. 发展山杏资源搞好开发利用[J]. 内蒙古林业(11): 21-22.

陈红，王关祥，郑林，等，2006. 木瓜属(贴梗海棠)品种分类的研究历史与现状[J]. 山东林业科技(5): 70-71, 78.

陈玲，王鹏，樊丁宇，等，2016. 35份新疆杏品质指标相关性分析及类型评价[J]. 新疆农业科学，53(2): 214-219.

陈涛，胡国平，王燕，等，2020. 我国野生樱属植物种质资源调查、收集与保护[J]. 植物遗传资源学报，21(3): 532-554.

陈涛，李良，张静，等，2016. 中国樱桃种质资源的考察、收集和评价[J]. 果树学报，33(8): 917-933.

董文轩，2015. 中国果树科学与实践. 山楂[M]. 西安: 陕西科学技术出版社.

杜靖，2008. 二郎担山赶太阳神话的由来与内涵[J]. 民族文学研究(2): 41-46.

段红喜，张志华，2004. 我国核桃生产概况、问题及发展途径[J]. 果农之友(1): 4-5.

范小莉，梁玉，房用，等，2018,. 山东省古树名木的现状与其保护建议[J]. 江苏林业科技，45(2): 55-57.

郭帅，2003. 观赏木瓜种质资源的调查、收集、分类及评价[D]. 泰安: 山东农业大学.

郭裕新，单公华，2010. 中国枣[M]. 上海: 上海科学技术出版社.

韩德全，殷桂琴，杨成海，等，1988. 我国山楂生产的历史、现状及其展望[J]. 河南科技学院学报(3): 18-23.

郝福为，张法瑞，2014. 中国板栗栽培史考述[J]. 古今农业(3): 40-48.

胡建华，2014. 山楂的生物学特性及培育管理技术[J]. 中国园艺文摘(7): 190-191.

姜楠南，2008. 中国海棠花文化研究[D]. 南京: 南京林业大学.

景士西，1993. 关于编制我国果树种质资源评价系统若干问题的商榷[J]. 园艺学报(4): 53-357.

李凤玲，孙颖，辛建萍，2002. 中国旅游景点文化概览[M]. 济南: 山东大学出版社.

李继华，1986. 山东栽培柿树的历史和现状[J]. 山东林业科技(3): 64-65.

李玉生，程和禾，陈龙，等，2019. 中国樱桃与甜樱桃种质资源在我国的分布[J]. 河北果树(2): 3-4, 7.

李臻，2016. 山杏的生态学特性及开发利用 [J]. 内蒙古林业调查设计，39(1): 69-70.

刘相东，郑亚琴，陈修会，等，2016. 鲁中南地区山楂种质资源与地方良种调研报告 [J]. 中国园艺文摘 (10): 178-182.

刘胤，陈涛，张静，等，2016. 中国樱桃地方种质资源表型性状遗传多样性分析 [J]. 园艺学报，43(11): 2119-2132.

刘胤，2016. 中国樱桃地方种质表型性状遗传多样性分析 [D]. 成都：四川农业大学．

罗桂环，2017. 柿树栽培起源考略 [J]. 北京林业大学学报 (社会科学版)，16(1): 1-6.

牛庆霖，张大庆，苑克俊，等，2017. 山东省杏种质资源现状分析及开发利用建议 [J]. 落叶果树，49(5): 23-27.

裴东，张志华，2016. 从植物学角度说核桃 [J]. 生命世界 (8): 4-9.

任宝生，2007. 我国杏树的栽培历史及生产现状与发展方向 [J]. 科技情报开发与经济 (32): 148-150.

山东省果树研究所，1996. 山东果树志 [M]. 济南：山东科学技术出版社．

沈旭，郑洁，侯如燕，2015. 核桃的营养价值及功效 [J]. 中学生物学，24(23): 76-78.

史传铎，张承安，1992. 樱桃栽培技术 (果树卷) [M]. 济南：济南出版社．

孙浩元，张俊环，杨丽，等，2019. 新中国果树科学研究 70 年 - 杏 [J]. 果树学报，36(10): 1302-1319.

孙晓莉，田寿乐，沈广宁，等，2017. 山东省 4 种主要干果的产业现状及发展对策 [J]. 河北科技师范学院学报 (3): 56-60.

孙玉刚，秦志华，李芳东，等，2010. 山东省果树种质资源概况及研究进展 [C]. 牡丹江：全国果树种质资源研究与开发利用学术研讨会: 1-8.

王爱蓉，2005. 红枣的营养与药用价值 [J]. 图书情报导刊，15(23): 143-144.

王光全，黄勇，孟庆杰，2009. 山东山楂种质资源及其评价利用研究 [J]. 种子，28(9): 56-58.

王贵芳，张美勇，徐颖，等，2017. 山东核桃种质资源现状分析及开发利用 [J]. 山东农业科学 (5): 146-149.

王嘉祥，1998. 木瓜品种调查与分类初探 [J]. 北京林业大学学报 (2): 123-125.

王杰，2011. 梨历史与产业发展研究 [D]. 福州：福建农林大学．

王雯慧，2018. 小樱桃大产业：我国樱桃产业的现状与未来——专访北京市农林科学院林业果树研究所副所长、中国园艺学会樱桃分会会长张开春 [J]. 中国农村科技 (2): 70-73.

吴安民，陈明彬，陈书丽，2001. 板栗栽培管理技术 [J]. 陕西气象 (5): 18-20.

武玉娥，马建梅，黄敏，等，2012. 山东菏泽古柿树资源现状及保护对策 [J]. 中国园艺文摘 (5): 90-92.

邢世岩，2013. 中国银杏种质资源 [M]. 北京：中国林业出版社．

徐铭，刘威生，王爱德，等，2020. 杏主要经济性状遗传分析 [J]，果树学报，37(1): 3-12.

徐婷，井琪，仝伯强，等，2019. 山东省古树群资源现状与保护对策 [J]. 安徽农业科学，47(17): 111-114, 119.

徐兴东，1996. 木瓜优良品种简介 [J]. 北方果树 (1): 18-19.

许檀，1995. 明清时期山东经济的发展 [J]. 中国经济史研究 (3): 42-65.

杨朝明，1994. 鲁国与《诗经》[J]. 中国史研究 (2): 119-128.

佚名，1995. 国家李杏资源圃概况 [J]. 北方果树 (2): 2.

喻学才，贾鸿雁，2015. 中国历代名建筑志下 [M]. 武汉：湖北教育出版社．

张加延，张铁华，2019. 中国杏文化传承与今用 [J]. 园艺与种苗 (4): 47-50.

张加延, 张钊, 2003. 中国果树志——杏卷 [M] 北京: 中国林业出版社.

张加延, 201. 我国李杏种质资源调查研究的突破性进展 [J]. 园艺与种苗 1(2): 7-10, 37.

张金城, 高诚玉, 1993. 浅谈如何改造利用山杏资源 [J]. 现代化农业 (9): 8-9.

张晓芹, 2010. 曹州木瓜的观赏特性与园林应用 [J]. 北方园艺 (2): 130-131.

张秀荣, 周亮, 耿燕, 等, 2005. 滨州市古树名木资源现状及保护对策 [J]. 山东林业科技 (4): 91-92.

张延兴, 林严华, 叶淑英, 等, 2008. 莱芜市古树名木评价及分级保护研究 [J]. 山东农业科学 (4): 76-79.

张毅, 2004. 山东果树种质资源及其多样性研究 [D]. 泰安: 山东农业大学.

张有林, 原双进, 王小纪, 等, 2015. 基于中国核桃发展战略的核桃加工业的分析与思考 [J]. 农业工程学报 (21): 9-16.

张宇和, 柳鎏, 梁维坚. 等, 2005. 中国果树志. 板栗榛子卷 [M]. 北京: 中国林业出版社.

赵海洲, 王俊洲, 李桂香, 2017. 山东德州市古树名木资源现状及保护对策 [J]. 中国园艺文摘 (8): 67-69, 99.

朱楷, 1997. 沂州木瓜优良品种及栽培技术要点 [J]. 落叶果树 (增刊): 64.

宗宇, 王月, 朱友银, 等, 2016. 基于中国樱桃转录组的 SSR 分子标记开发与鉴定 [J]. 园艺学报, 43(8): 1566-1576.

致谢

　　本书是在山东省农业科学院农业科技创新工程-果树所学科团队建设资金的支持下，由山东省果树研究所牵头，在学科专家陶吉寒研究员的带领下，对山东省典型区域的古果树资源进行调查整理，为山东古果树资源的保存、收集及保护贡献微薄之力。

　　本书是由山东省果树研究所尹燕雷、冯立娟、唐海霞、王菲、杨雪梅、王增辉等人写作完成。在调查收集、资料整理过程中本单位陈新、王贵芳、王中堂、张美勇、孙晓莉、武冲、韩真、董肖昌等同志提供了大量的信息资料。

　　山东省古果树部分散落在山坡、沟谷中，费县地区调查中得到费县果业局张朝阳副局长等相关人员的帮助；烟台地区调查得到招远市果业总站孙鹏等人的帮助；山东农业大学水利与水土保持学院唐常鑫在沂源、临朐等地调查过程中提供帮助；泰山附属中学教师李华、宁阳县村民李务渠、张延成协助完成宁阳、济宁部分区域的调查工作。

　　感谢山东省农业科学院农业科技创新工程学科团队项目（CXGC2018E22）对本书的资金支持。

图书在版编目（CIP）数据

山东省古果树名木/陶吉寒，尹燕雷主编．—北京：中国农业出版社，2020.12

ISBN 978-7-109-27618-5

Ⅰ.①山… Ⅱ.①陶… ②尹… Ⅲ.①树木－介绍－山东 Ⅳ.①S717.252

中国版本图书馆CIP数据核字（2020）第248448号

中国农业出版社出版

地址：北京市朝阳区麦子店街18号楼

邮编：100125

责任编辑：舒 薇 李 蕊 黄 宇

版式设计：杜 然 责任校对：刘丽香

印刷：北京通州皇家印刷厂

版次：2020年12月第1版

印次：2020年12月北京第1次印刷

发行：新华书店北京发行所

开本：787mm×1092mm 1/16

印张：15.75

字数：365千字

定价：320.00元